全国信息技术人才培养工程指定培训教材

硬件工程师职业教育系列教程

复印机维修

信息产业部电子教育与考试中心 组编

刘桂松　冯濑 主编

北京邮电大学出版社

·北京·

内容简介

本书是“全国信息技术人才培养工程——硬件工程师职业教育项目”的配套教材。

本书针对维修人员和在校学生学习复印机技术的特点和要求，系统全面地介绍了复印机的基本组成、工作原理、光学成像系统以及故障的检测、维修方法。全书共分5章，内容包括复印机概述、复印机光学成像系统的组成和原理、复印机的机械传动系统、复印机的电气控制系统以及故障维修方法和检测流程。

本书强调基本概念和实际应用相结合，注重基础理论和实际操作练习，既可以作为复印机维修人员和在校学生的基础教材，也可以作为复印机维修人员的参考书和自学资料。

图书在版编目(CIP)数据

复印机维修/刘桂松，冯灏主编．—北京：北京邮电大学出版社，2008

ISBN 978-7-5635-1581-3

Ⅰ．复… Ⅱ．①刘…②冯… Ⅲ．复印机—维修—技术培训—教材 Ⅳ．TS951.47

中国版本图书馆CIP数据核字(2007)第186528号

书　　名：复印机维修
组　　编：信息产业部电子教育与考试中心
主　　编：刘桂松　冯　灏
责任编辑：张珊珊
出版发行：北京邮电大学出版社
社　　址：北京市海淀区西土城路10号(邮编：100876)
发 行 部：电话：010-62282185　传真：010-62283578
E-mail：publish@bupt.edu.cn
经　　销：各地新华书店
印　　刷：北京忠信诚胶印厂
开　　本：787 mm×1 092 mm　1/16
印　　张：11
字　　数：255千字
印　　数：1—5 000册
版　　次：2008年1月第1版　2008年1月第1次印刷

ISBN 978-7-5635-1581-3　　定　价：24.00元

·如有印装质量问题，请与北京邮电大学出版社发行部联系·

前　　言

为开展实用高效的计算机硬件职业教育，打造高素质、实用型复合人才，信息产业部电子教育中心启动了“硬件工程师职业教育项目”。该项目的培养对象为具有一定的计算机硬件基础知识、电子电路基础知识和英语基础，学历为中专或中专以上水平，立志于从事复印机产品的销售、维护或维修工作的学生和在职人员。

本书针对维修人员和在校学生学习复印机技术的特点和要求，系统全面地介绍了复印机的组成结构、使用方法、光学成像系统和检测维修方法。全书共分5章，主要内容包括：

(1) 复印机的组成、工作原理和技术参数；

(2) 复印机的光学成像系统的组成，详细讲解CCD图像传感器和激光曝光系统；

(3) 复印机的机械传动系统的组成以及各部分的工作原理；

(4) 复印机的电源电路和逻辑控制电路的组成和工作原理；

(5) 复印机故障的分类，以及复印机的维修方法和检测流程。

本书内容由浅入深、层次分明，文字以条目形式出现。逻辑上结构清晰、论理确切，便于自学。全书图文并茂，避免了晦涩难懂的术语，它可以作为理工科电类专业中、高职专科学生相应课程的基本教材，也可以作为计算机硬件销售人员和维护、维修人员的参考书和自学教材。

本书由刘桂松老师编写，冯灏老师提供案例。在此特别感谢北京动力时代资讯有限公司在技术上给予我们大力支持。

由于编者水平有限，书中难免存在错误及不妥之处，敬请读者提出宝贵意见。

编　者

目　　录

第1章 复印机概述

☞概　述

本章主要讲解复印机的分类、技术参数、基本结构和工作原理，通过本章的学习，学员能够初步了解复印机，为后面章节的学习做好准备。

☞学习目标

- 了解复印机的分类
- 熟悉复印机的技术参数
- 掌握复印机的基本结构
- 掌握复印机的工作原理

☞本章重点

- 复印机的基本结构
- 复印机的工作原理

☞本章难点

- 复印机的工作原理

1.1　复印机的分类

【概述】

自从20世纪50年代美国施乐公司推出第一台商用复印机以来，复印机已走过了半个多世纪的历程，复印技术也日趋完善。复印机产品从手动到全自动，从单一功能到多功能，从模拟式到数码式，从单色到多色、全彩色的发展，复印技术随着信息时代的到来，走上更加完善、更加成熟的道路。通过本节的学习，学员能够了解复印机的分类方法和类型。

【学习目标】

了解复印机的分类方法和类型

【本节重点】

复印机的分类方法和类型

【本节难点】

复印机的分类方法和类型

全世界有几十家公司独立生产复印机，复印机的名称纷繁复杂，有工程复印机、数码复印机、彩色复印机等。

从复印机的工作原理来划分，主要可以分为模拟复印机和数码复印机。

(1) 模拟复印机

模拟复印机生产和应用的时间已经比较长了，简单来说就是通过曝光、扫描将原稿的光学模拟图像通过光学系统直接投射到已被充电的感光鼓上产生静电潜像，再经过显影、转印、定影等步骤来完成复印。

(2) 数码复印机

数码复印机相比模拟复印机是一次质的飞跃，其实数码复印机就是一台扫描仪和一台激光打印机的组合体，首先通过 CCD(电荷耦合器件)传感器对通过曝光、扫描产生的原稿的光学模拟图像信号进行光电转换，然后将经过数字技术处理的图像信号输入到激光调制器，调制后的激光束对被充电的感光鼓进行扫描，在感光鼓上产生由点组成的静电潜像，再经过显影、转印、定影等步骤来完成复印过程。但其实现在也出现了不少通过喷墨打印的廉价数码复印机。

从复印机的用途来划分，可以分为家用型复印机、办公型复印机、便携式复印机和工程图纸复印机。

(1) 家用型复印机

家用型复印机价格较为低廉，一般兼有扫描仪、打印机的功能，打印方式主要以喷墨打印为主。

(2) 办公型复印机

办公型复印机就是平时最常见的复印机，基本上是以 A3 幅面的产品为主。主要用途就是在日常的办公中复印各类文稿。从技术原理上来说，模拟型产品和数字型产品目前基本上各占半壁江山。

(3) 便携式复印机

便携式复印机的特点肯定是小巧，它的最大幅面一般只有 A4，重量较轻，产品主要以模拟型机器为主。

(4) 工程图纸复印机

工程图纸复印机最大的特点就是幅面大，一般可以达到 A0 幅面，是用以复印大型的工程图纸的复印机，同样根据技术原理也分为模拟工程图纸复印机和数字工程图纸复印机。目前虽然仍然是以模拟型产品居多，但是正在以比较快的速度向数字型产品过渡。

详细的分类见表1-1。

表1-1 打印机分类

分类依据	具体类型
按复印机工作原理分	模拟复印机,操作简单,功能不多
	数码复印机,通过激光扫描、数字化图像处理技术成像
按复印的速度分	低速复印机,每分钟可复印A4幅面的文件10～30份
	中速复印机,30～60份
	高速复印机,60份以上
按复印的幅面分	普及型复印机,幅面大小为A3～A5
	工程复印机,幅面大小为A2～A0
按复印机使用纸张分	特殊纸复印机,一般指感光纸
	普通纸复印机
按复印机显影方式分	单组份复印机
	双组份复印机
按复印机复印的颜色分	单色复印机
	多色复印机
	彩色复印机

1.2 复印机参数

【概述】

本节主要介绍复印机中常用的技术参数,通过本节的学习,学员能够了解复印机的主要技术参数。

【学习目标】

了解复印机的技术参数

【本节重点】

了解复印机的技术参数

【本节难点】

复印机的技术参数

复印机是采用以激光打印输出方式进行扫描、复印的文件复制设备。它具有一次扫描、多次复印的特点,并且配备大容量内存与硬盘,可长期储存大量文件,还可以根据需要将图像、文字进行方向性缩放、黑白转换、加注水印等编辑。部分产品还可以加装网卡,从而实现网络打印和网络扫描功能。

1. 复印速度

传统模拟复印机的工作原理是通过曝光、扫描将原稿的光学模拟图像通过光学系统直接投射到已被充电的感光鼓上产生静电潜像,再经过显影、转印、定影等步骤,完成复印过程。而数码复印机的工作原理是:首先通过CCD传感器对通过曝光、扫描产生的原稿的光学模拟图像信号进行光电转换，然后将经过数字技术处理的图像信号输入到激光调制器，调制后的激光束对被充电的感光鼓进行扫描，在感光鼓上产生由点组成的静电潜像，再经过显影、转印、定影等步骤，完成复印过程。

在整个处理环节中，其涉及的步骤相当多，而且包括数据处理，因此往往高速型数码复印机都配备性能强大的 CPU 和大容量内存。此外，数码复印机中包含了激光打印引擎，客观上要求这一引擎能够提高打印速度。目前高速数码复印机的普遍特点是采用高频率 ARM 处理器或是×86 处理器，然后配合顶级的激光打印引擎，此时一般能够达到 40 页/分(每分钟 A4 复印量)的水准。

复印机的工作速度是决定其价格的一大因素，因此购买之前应分析一下现在及将来每个月大概的复印量是多少、复印高峰期每小时要复印的份数有多少。这些数据将决定购买何种档次的复印机，然后根据分析结果来选购机型。例如每月最高复印量在 2 万份以下时，购买 1 台每分钟复印 40 份左右的低速复印机即可满足要求，没有必要购买更高速度的机型。

2. 输出幅面

输出幅面这一技术指标应该不难理解，这与传统复印机基本是一样的。对于企业应用而言，A3 幅面是最基本的要求。如果平时的应用涉及制图等领域，那么有必要购买 A2 幅面的数码复印机。另外要提醒大家的是，少数号称 A2 幅面的数码复印机只能实现 A2 幅面打印，但是却无法进行 A2 幅面扫描和复印，因此购买时还需要将不同功能分别对应的幅面一一问清楚，尤其是在购买大幅面产品时更加应该注意。

3. 输出精度

数码复印机的激光打印引擎打印精度至少是 600 dpi 以上，绝大部分是 1 200 dpi，因此打印出来的文件清晰度相当高，跟普通出版物的质量是差不多的，而且输出的文件字迹、插图和表格都达到了印刷品的水平。之所以能够达到这样的效果，主要是因为激光输出是直接把碳粉“压”在纸上的，不会像喷墨打印那样遇到水或潮湿的字迹而变模糊。

但是，整个复印过程决定最终输出效果的因素不仅仅是打印，扫描环节才是至关重要的。客观而言，当前数码复印机无一例外地使用 CCD 作为感光器，因此硬件指标方面的差距很小。但是大家可以想象，原稿一般总是有灰尘或油污，再加上扫描时的曝光控制技术和去墨点技术，导致不同产品之间的复印效果还是有一定的差距。

如果数码复印机经常需要复印高质量的彩色图片，那么这类价格不菲的产品一定要好好现场试验。关于彩色复印的最终效果，目前尚无明确的技术指标，唯有以实际表现去衡量才是最佳的方案。

4. 输稿器能力

对于大部分数码复印机而言，输稿器都是选购配件，建议经常需要批量复印的用户配备一个自动输稿器，这远比追求单纯的复印速度要实惠得多。以复印一叠纸为例，如果没有自动输稿器，复印机速度再快也没有用，因为使用者无法从低效率的手工操作中解脱开来。

此外，部分数码复印机可以选用双面输稿器配合双面打印与复印功能，这对于经常需要制作小册子的用户十分有用。而如果仅仅是将数码复印机作为临时性对外办公使用，一般不需要考虑双面功能，毕竟这很少会用到。输稿器其实已经成为办公级数码复印机的必备配件，部分高级产品甚至还带有自动分页器和自动装订器。

5. 存储功能

一般来说，数码复印机都会配置大容量内存，以实现连续复印，并且在作为网络输出设备时能够容纳尽可能多的等待队列。另外，有的产品还会配有GB级的硬盘作为外存。这样，用户便可以将一些经常需要扫描的文件信息存储在硬盘中，以后需要使用时便无须原稿复印，直接调用即可，在操作应用上更加方便快捷。

如今还有部分数码复印机将嵌入式操作系统直接安装在硬盘上，此时硬盘是作为数码复印机的必备配件，而不是可选配件，这类产品一般有着比较强大的数字处理功能，能够实现很多附加功能。另外，如果数码复印机将硬盘作为可选配件，那么在选配时不要对容量过于讲究。毕竟复印资料的数据量都很小，GB级别的硬盘已经算是海量存储。

6. 预热时间

这是指复印机从开机到能进行正常复印的间隔时间，在这段时间中复印机需要对感光材料进行充电，利用电晕放电使感光材料的表面带上一定数量的静电电荷，从而可以开始复印工作。预热时间当然是越短越好，目前中端产品的预热时间一般在30 s左右，而低端产品的预热时间则在30～60 s。复印操作往往是间断性的，而且第一次使用之前需要预热。

7. 分辨率

分辨率反映的是扫描图像的清晰程度。扫描仪的分辨率用每英寸长度上的点数dpi (dot per inch)来表示，包括水平分辨率、垂直分辨率以及插值最大分辨率。以现在扫描仪市场上比较流行的“600×1 200 dpi分辨率，插值(最大)分辨率为9 600 dpi”的指标为例，水平分辨率(也称做光学分辨率)是600 dpi，垂直分辨率(也称做机械分辨率或运动分辨率)是1 200 dpi，作插值(最大)分辨率(也叫内插分辨率)为9 600 dpi，插值分辨率对普通用户意义不大，尤其是此分辨率数值过大时将占用较大的内存和硬盘，得不偿失。

8. 网络协议

复印机支持的标准网络协议有TCP/IP、SMB、IPP、Port9100、Ether Talk和NetWare，具体不同的复印机支持的网络协议有所不同。

1.3 复印机的基本结构

【概述】

本节主要讲解复印机的内外部结构，通过本节的学习，学员能够掌握复印机的外部的接口和控制面板等的主要功能，并能熟练操作使用复印机；通过本节对复印机内部结构的介绍，学员能够认识复印机的内部部件，为后面章节的维修做好充分的准备。

【学习目标】

熟练使用复印机的各种功能

认识复印机内部各个部件以及功能

【本节重点】

复印机内部各个部件以及功能

【本节难点】

复印机内部各个部件以及功能

1.3.1 外部结构

1. 复印机外部结构

首先先来介绍复印机的外部结构,从外部看到的复印机主要包括控制面板、输纸板、纸盒、前盖、手送纸道和左盖板等,如图 1-1 所示。

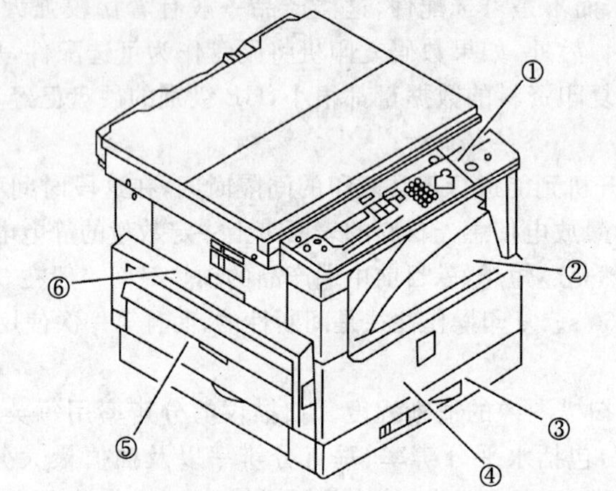

①—控制面板 ②—输纸板 ③—纸盒 ④—前盖 ⑤—手送纸道 ⑥—左盖板

图 1-1 复印机外部结构图

2. 复印机背面和打开以后的结构图

复印机的背面包括电源开关和后盖,打开复印机的手送纸道和左盖板可以看到输纸杆和压力释放杆,打开前盖可以看到输纸杆、显影加压杆和粉仓,另外在复印时可以看到读取玻璃和稿台玻璃,如图 1-2 所示。

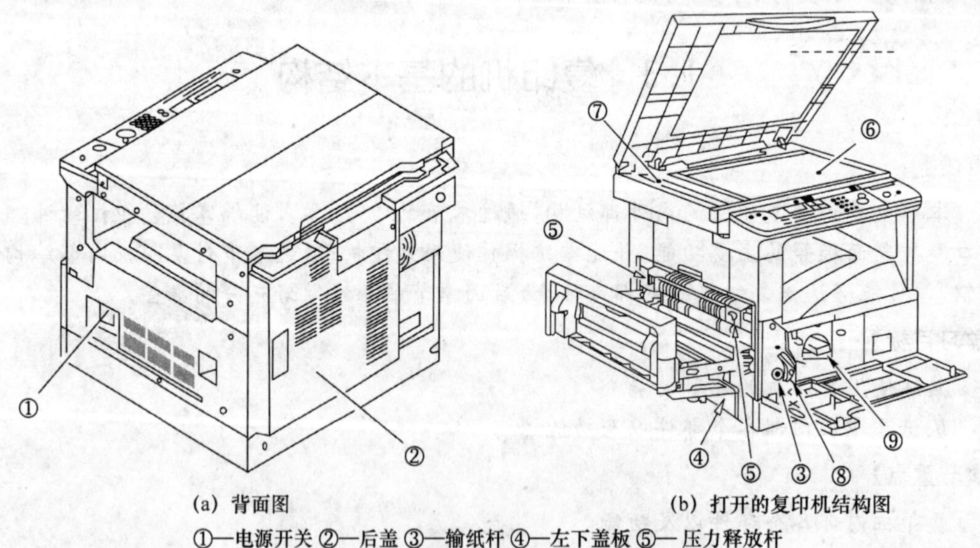

(a) 背面图　　(b) 打开的复印机结构图

①—电源开关 ②—后盖 ③—输纸杆 ④—左下盖板 ⑤— 压力释放杆
⑥—稿台玻璃 ⑦—读取玻璃 ⑧—显影加压杆 ⑨—粉仓

图 1-2 复印机背面图和打开的复印机结构图

3. 复印机剖视图

复印机的剖视图，如图 1-3 所示。具体的部件名称在图中已经标明。

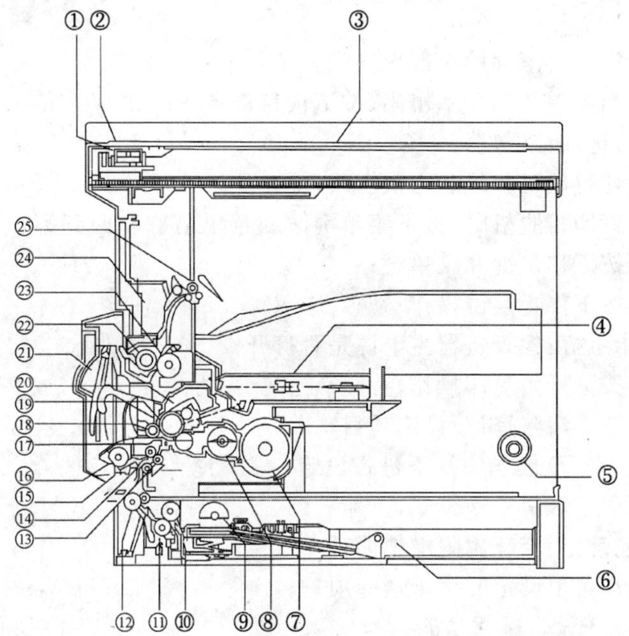

①—CS 单元 ②—ADF 读取玻璃 ③—稿台玻璃 ④—激光扫描单元
⑤—扬声器 ⑥—纸盒 ⑦—墨粉盒 ⑧—显影器 ⑨—搓纸辊 ⑩—输纸辊
⑪—分离辊 ⑫—追纸路径辊 ⑬—对位辊轮 ⑭—对位辊 ⑮—手送分离板
⑯—手送搓纸轮 ⑰—显影辊 ⑱—转印充电辊 ⑲—感光鼓 ⑳—鼓单元
㉑—多路纸道 ㉒—定影压力辊 ㉓—定影辊 ㉔—定影总成 ㉕—排纸辊

图 1-3 复印机剖视图

4. 控制面板

控制面板的示意图如图 1-4 所示。需要说明的是，复印机厂家和型号的不同，控制面板的结构也会有所不同的。控制面板的具体功能如下。

①—计数器：按下实现复印张数；

②—选纸指示灯：按下选择纸盒或手送；

③—卡纸位置指示灯：按下显示卡纸位置；

④—卡纸指示灯：用于检测是否有卡纸；

⑤—LCD 显示器：显示不同界面；

⑥—系统键及指示灯：按下切换打印机功能，打印时显示“ON”；

⑦—复位键：按下回到复印模式的缺省设置；

⑧—数字键盘：设置复印张数；

⑨—节能键：结束节能模式；

⑩—在线指示灯：处于在线状态，打印进行时，指示灯闪亮；

⑪—工作指示灯：检查数据接收是否正常进行；

⑫—硬盘指示灯：检查是否安装硬盘，读取硬盘资料时闪亮；

⑬—报警指示灯：检查是否有错误发生；

⑭—输入/取消键:按下存储/设定选中项目;

⑮—数值键:当项目显示时,按下数值键来选择项目值,按下移位键和数值键来反向选择项目值;

⑯—移位键:按下会滚动菜单或反向设置项目值;

⑰—项目键:当菜单名称显示出来,按下项目键来滚动和回到第一项目,反向滚动时,按下项目键和移位键;

⑱—执行键:使打印机脱线和再次上线;

⑲—菜单键:打印机脱机时,按下菜单键滚动菜单名称和回到第一菜单名,反向滚动菜单时,按下移位键和菜单键;

⑳—停止键:按下停止复位操作;

㉑—主电源指示灯:检查机器主电源是否打开;

㉒—开始键:按下开始复印操作;

㉓—清除键:按下清除登记/设定项目;

㉔—ID/#键:在ID模式中按下进行设定;

㉕—中断键:用于取消中断模式;

㉖—附加功能键:用于呼出附加功能;

㉗—光标键:在菜单设定时用于选择项目;

㉘—OK键:用于设定模式功能;

㉙—缩放键:缩放设定;

㉚—后退键:返回上一级屏幕;

㉛—缩小/直接/放大键:用于缩小、直接和放大复印设置;

㉜—浅/AE/深键:用AE键设定自动曝光设置,用浅/深设置手动复印浓度;

㉝—图像质量键:选择图像质量、文本图文和照片模式;

㉞—选纸键:用于选择纸盒和手送纸道;

㉟—分页键:用于设定分页功能(排序和装订);

㊱—特殊功能键:用于设定特殊复印功能;

㊲—监控键:用来检测复位工作的状态。

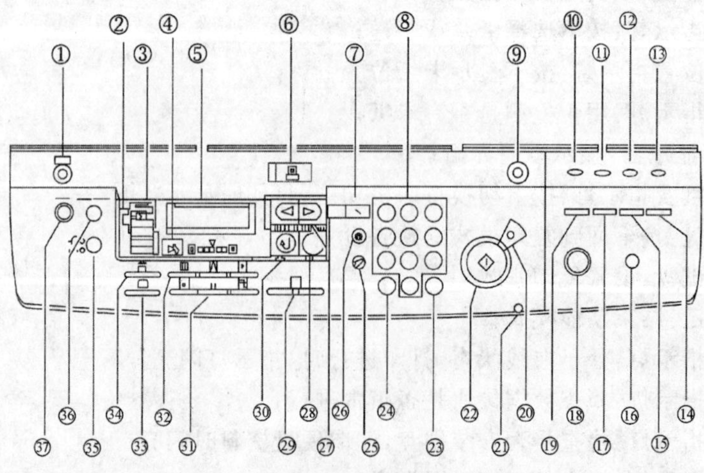

图1-4　复印机控制面板示意图

1.3.2 内部结构

1. 基本组成

复印机的内部主要给纸/输送系统、曝光系统、成像系统和控制系统，具体模块如图1-5所示。

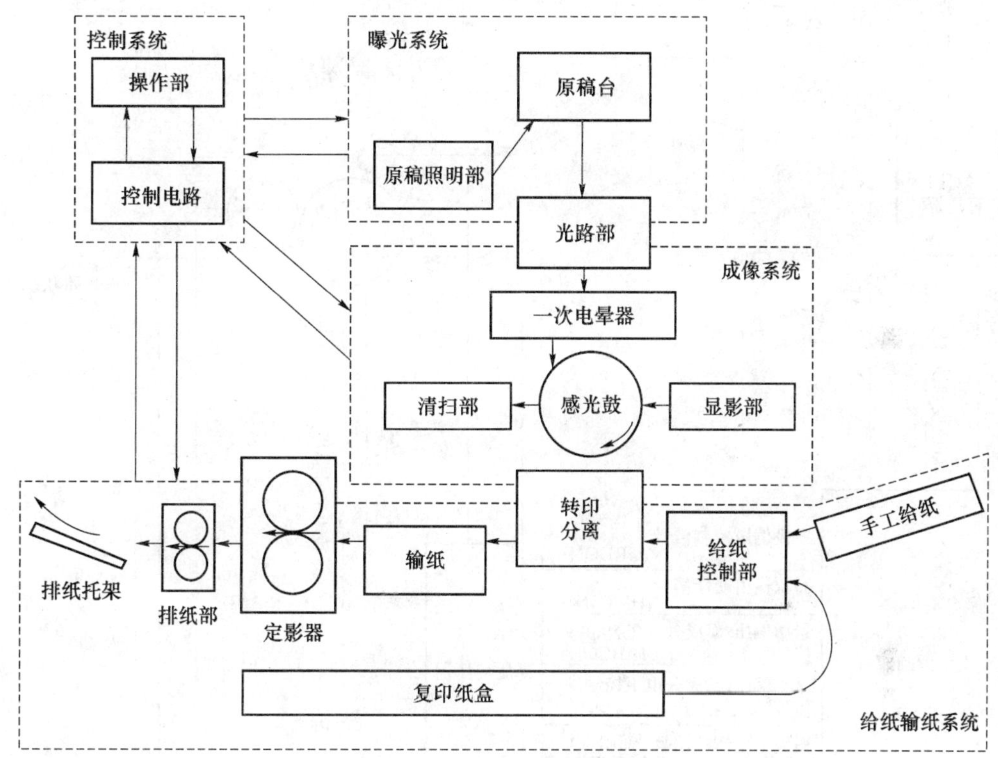

图1-5 复印机的基本组成结构图

2. 成像系统

成像系统的主要结构包括原稿照明灯控制、一次充电/转印电晕放电电流和栅极偏压的电压控制、显影偏压控制、原稿浓度检测、显影器/鼓清扫器、空曝光控制等。具体的组成和控制过程如图1-6所示。

3. 给纸/输送系统

(1) 给纸输纸部

当主马达(M1)正在旋转，而又有给纸离合器的电磁铁(SL1)处于“ON”时，来自主马达的驱动将传送到给纸辊使给纸辊旋转，遂将复印纸送达到定位辊处。此时的给纸辊的旋转次数因复印纸尺寸不同而不同。

复印纸由于定位辊的作用而又被送达感光鼓。在此过程中，定位辊还将保证感光鼓表面图像前端与复印纸前端一致。然后经过转印、分离、输送、定影和排纸部，送至复印件托架上。

复印纸被光电遮断器(Q2、Q5)检测到以后，如果经过一定时间，复印纸既没有到达传感器又没有通过传感器，则机器判断为卡纸，并使操作面板上的卡纸指示呈亮灭显示。

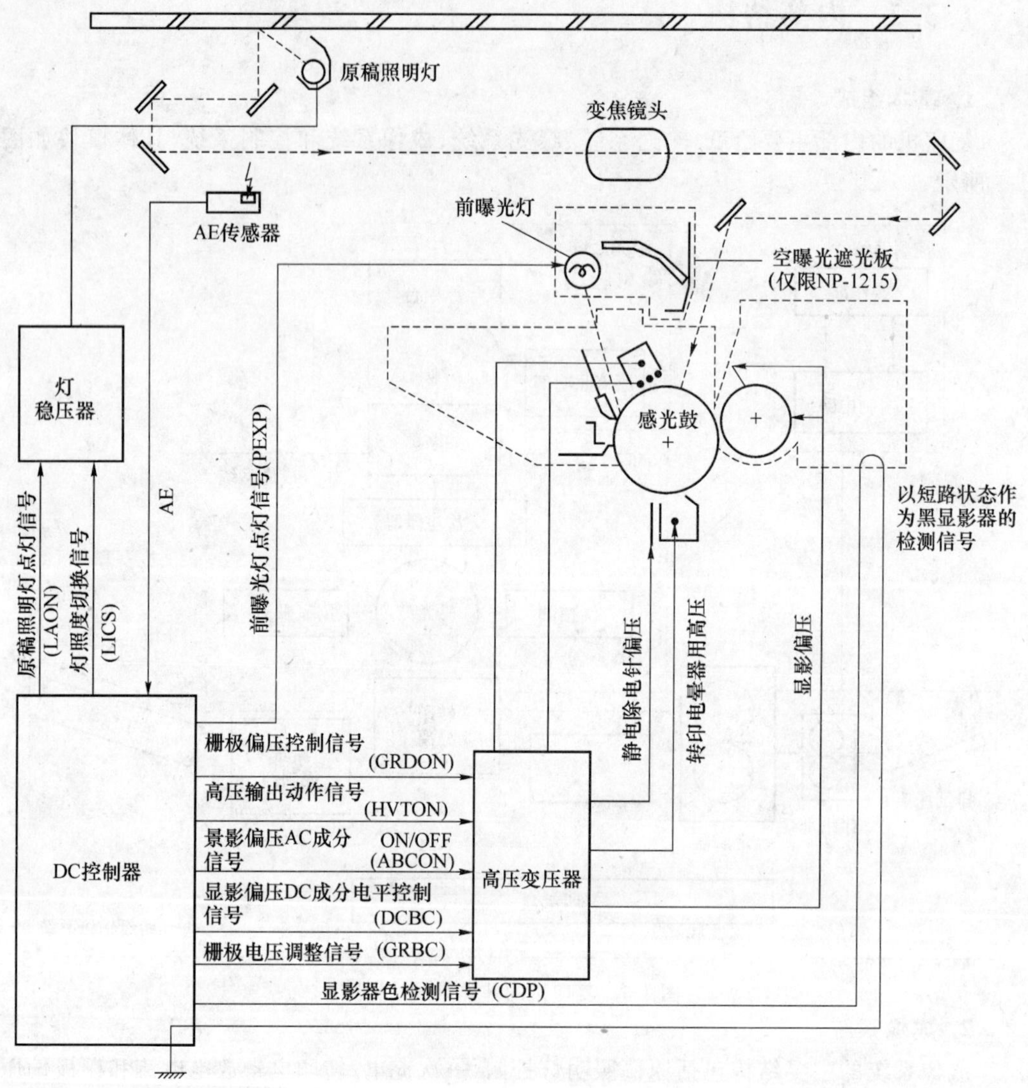

图 1-6 成像系统组成和控制过程示意图

复印纸盒内的复印纸有无判断是由光电遮断器(Q1)完成的，当盒内无纸时，盒内无纸信号(CPEP)变"0"控制环，如图 1-7 所示。

(2) 定影/排纸部

定影器的上辊、下辊、排纸辊均由主马达(M1)驱动。

上辊由一个定影加热器加热。如果其表面温度增高，热敏电阻的电阻值下降，定影辊的表面温度检测信号(TH1)的电压值也下降。

DC控制器上的微电脑正是根据此 TH1 的电压的大小来控制定影加热器的驱动信号(HTRD)，使其为"1"或"0"的。

定影辊的温度控制是由复印纸盒尺寸及显影器的种类决定的(有些复印机不采用根

据复印纸盒尺寸不同而采用不同定影辊温度的控制办法)。

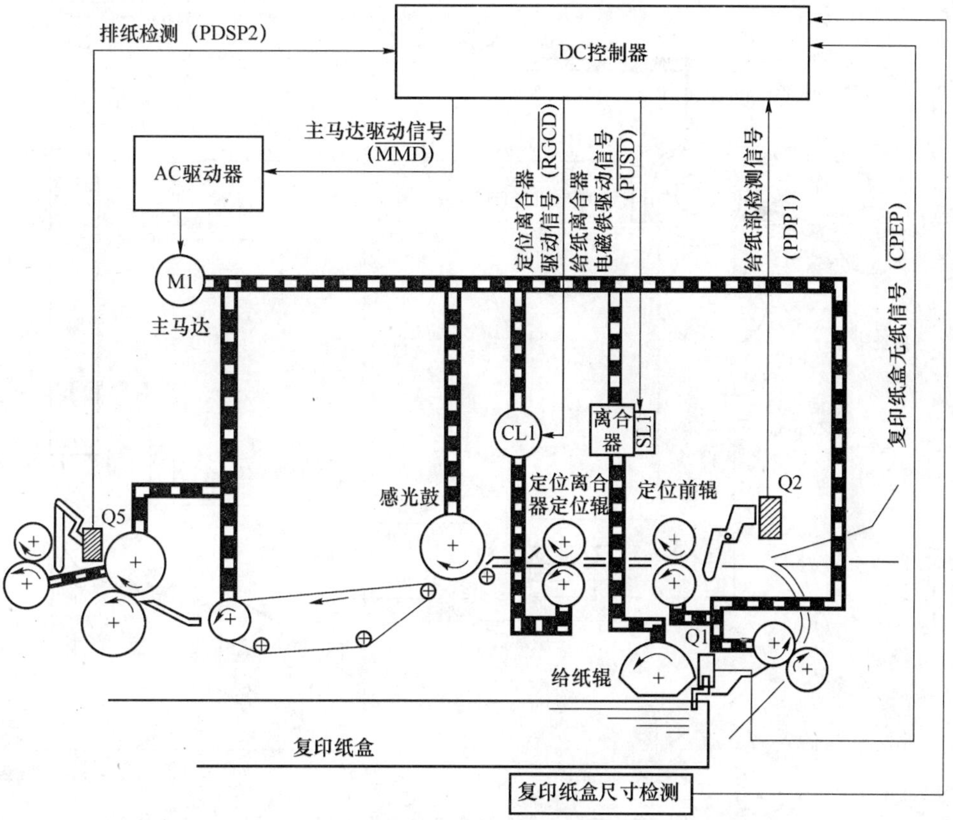

图 1-7 给纸输纸部的组成和工作过程示意图

在本复印机机内,为了防止定影加热器的错误通电,采取了以下的 3 种保护措施:

- 微电脑监视 TH1 电压,出现异常时,显示出自我诊断结果,如 E000 等;
- 当 TH1 电压低于 1.2 V(相当于将超过 230 ℃)时,定影辊异常温度检测电路将不管微电脑的输出如何,强使 HTRD 信号变成 OFF;
- 当热动开关内部温度超过 230℃时,热动开关变成 OFF,定影加热器断电。

定影/排纸部的组成和工作过程,如图 1-8 所示。

4. 曝光系统

曝光系统主要包括原稿读取与处理功能。其中涉及到的复印机复印时的倍率改变、镜头和光学部分的驱动等内容将在后面详细讲解。

5. 控制系统

(1) 电源部分

主要由电源线、开关、交流到直流转换开关电源组成。开关电源的作用是将通过电源线提供的外部交流电源,转换为复印机控制部分需要的直流电源,直流电源一般均采用多组不同电压的输出(常见为 24 V、12 V、5 V)。

- 24 V 是给传感器、马达、电磁离合器等输出部件提供电源;
- 12 V 是给控制板等部件提供电源;

• 5 V 是给二极管、控制板内芯片、传感器等提供电源。

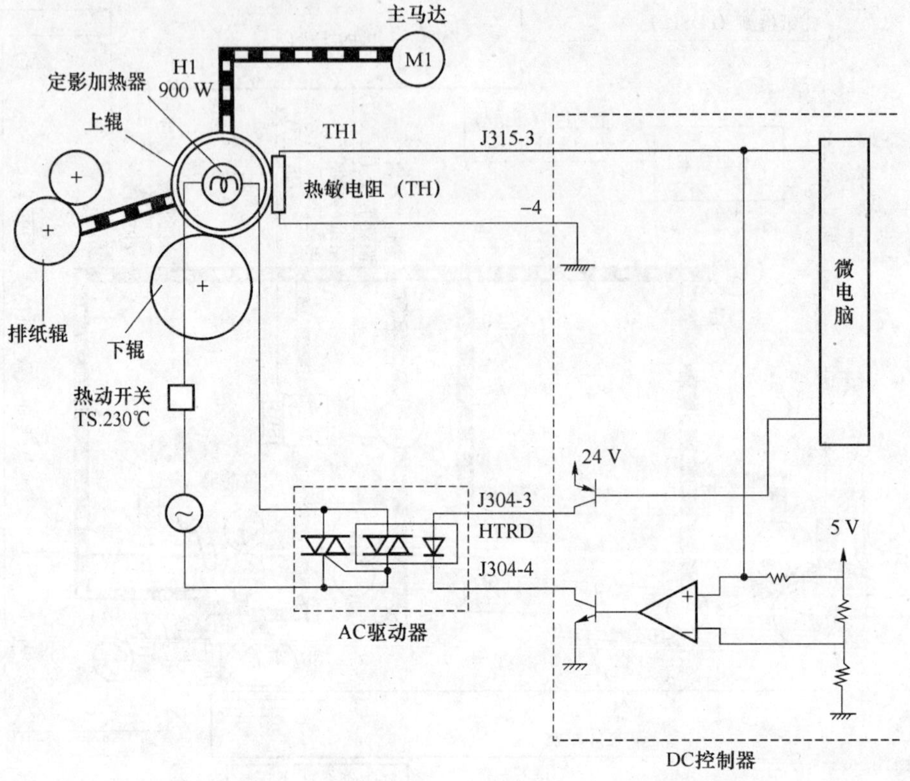

图 1-8　定影/排纸部组成和工作过程示意图

(2) 控制部分

控制部分主要由控制复印机整个复印过程的主控制板，根据原稿的不同浓度控制曝光灯的发光强度的曝光灯控制板，以及根据不同的复印倍率控制扫描灯架、镜头的位置和前进后退速度(一些机型此控制部分集成在主控制板内)的马达控制板等组成。

(3) 高压部分

高压发生器根据主控制板的指令，提供复印过程所需的充电、转印、分离、显影偏压、栅极偏压、消电和预转印(一些机型没有)的高压。

(4) 传感器部分

传感部分主要由扫描灯架原始位置传感器、镜头原始位置传感器、纸路传感器、对位传感器、出纸传感器、无纸传感器、纸尺寸传感器等组成。

还有其他的详细结构将在后面的章节中详细讲解，在这里就不一一叙述。

1.4　复印机的复印方法及复印过程

【概述】

本节主要讲解复印机的复印方法和复印流程，通过学习使学员掌握复印机的整个复印过程,为后面的章节学习奠定基础。

【学习目标】

了解复印机的两种复印方法

掌握复印机的复印过程

【本节重点】

复印机的复印过程

【本节难点】

复印机的复印过程

静电复印机已是现代办公的常用设备,它大大方便了我们的日常办公工作,但要用好它、维护好它,使其发挥应有的作用,就要知道它的工作原理。

下面为大家介绍一下静电复印机的工作原理和复印过程。静电复印机是集静电成像技术、光学技术、电子技术和机械技术于一体的办公设备。它采用的成像方法有很多,如间接式静电复印法(即卡尔逊法)、NP 静电复印法、KIP 持久内极化法、TESI 静电转移成像法等。现代静电复印机普遍采用间接式静电复印法和 NP 静电复印法。首先介绍这两种静电复印机的基本原理,然后结合实际的复印机图示介绍复印过程。

1.4.1 复印机的工作原理

简单地说,模拟复印机与数码复印机在工作原理上的差别在于曝光鼓曝光前的工作过程,数码复印机显影后部分的基本工作原理和机械设备则与模拟复印机相同。

1. 模拟复印机的工作原理

模拟复印机的工作原理是通过曝光、扫描方式将原稿的光学模拟图像通过光学系统直接投射到已被充电的感光鼓上,产生静电潜像,再经过显影、转印、定影等步骤,完成整个复印过程,如图 1-9 所示。

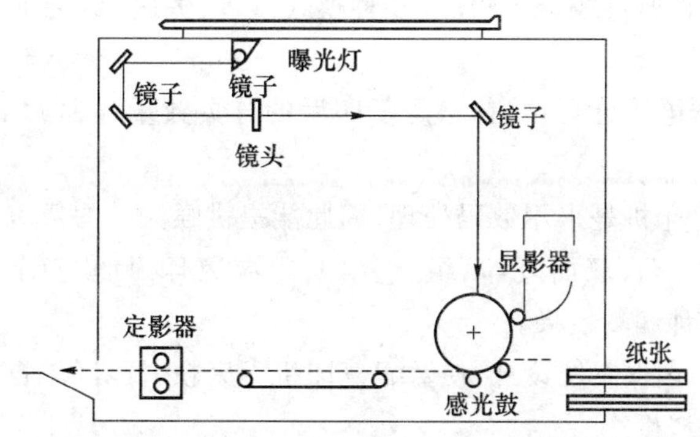

图 1-9 模拟复印机的工作原理

2. 数码复印机的工作原理

首先通过 CCD 传感器对通过曝光、扫描产生的原稿的光学模拟图像信号进行光电转换,然后将经过数字技术处理的图像数码信号输入到激光调制器,调制后的激光束对被充电的感光鼓进行扫描，在感光鼓上产生静电潜像，图像处理装置(存储器)对诸如图像模式、放大、图像重叠等做数码处理后，再经过显影、转印、定影等步骤，完成整个复印过程。数码复印机基本上相当于把扫描仪和激光打印机的功能融合在一起了，如图 1-10 所示。

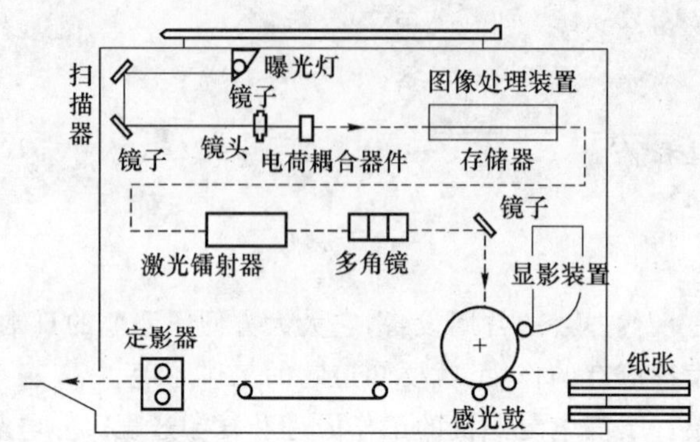

图 1-10　数码复印机工作原理

3. 数码复印机的优点

由于数码复印机采用了先进的数码技术，所有原稿经数码一次性扫描存入复印机存储器中，使其可以进行复杂的图文编辑，大大提高了复印机的工作效率和复印质量，降低了复印机的故障发生机率。数码复印机与模拟复印机相比，其优点主要有以下几点。

(1) 数码复印机只需对原稿进行一次性扫描，存入复印机存储器中，即可随时复印所需的多页份数。它与模拟复印机相比，减少了扫描的次数，因此也就减少了扫描器产生的磨损及噪声，同时减少了卡纸的机会。

(2) 由于传统的模拟复印机是通过光反射原理成像，因此会有正常的物理性偏差，造成图像与文字不能同时清晰地表达。数码复印机就具有图像和文字分离识别功能，在处理图像与文字混合的文稿时，复印机能以不同的处理方式进行复印，因此文字可以鲜明地复印出来，而照片则以细腻的层次变化的方式复印出来。数码复印机还支持文稿、图片/文稿、图片、复印稿、低密度稿、浅色稿等多种模式，以及多达 256 级的灰色浓度，充分体现出复印件的清晰整洁。

(3) 很容易实现电子分页，并且一次复印后的分页数量远远大于模拟复印机加分页器所能达到的份数。

(4) 因为数码复印机是采用数码处理，因此能提供强大的图像编辑功能，例如自动缩放、单向缩放、自动启动、双面复印、组合复印、重叠复印、图像旋转、黑白反转、25%～400%缩放倍率等多种编辑效果。

(5) 采用先进的环保系统设计，使数码复印机无废粉、低臭氧、自动关机节能，图像自动旋转，减少废纸的产生。

(6) 配备传真组件，就能升级成为 A3 幅面的高速激光传真机，可以直接传送书本、杂志、订装文件，甚至可以直接传送三维稿件。配备打印组件，就能升级成为 A3 幅面的高速双面激光打印机。安装网络打印卡并连接于局域网后便可作为高速网络打印机，实行网络打印。

由以上可以看出，数码复印机所拥有的优点是传统模拟复印机所无法比拟的。数码复印机由于是利用激光扫描和数字化图像处理技术成像的，因此它不仅提供复印功能，还可以作为电脑的输入/输出设备，以及成为网络的终端。现代化办公讲究的是高效率，数码复印机的出现，使现代化办公如鱼得水。随着数字化技术的普及，数码复印机将成为现代化办公环境中不可缺少的办公设备。

1.4.2 复印机的复印方法

1. 卡尔逊静电复印法

卡尔逊静电复印的过程本质上是一种光电过程，它所产生的潜像是一个由静电荷组成的静电像，其充电、显影和转印过程都是基于静电吸引原理来实现的。由于其静电潜像是在光照下光导层电阻降低而引起充电膜层上电荷放电形成的，所以卡尔逊静电复印法对感光鼓有如下要求。

① 具有非常高的暗电阻率

这种感光鼓在无光照的情况下，表面一旦有电荷存在，能较长时间地保存这些电荷；而在光照的情况下，感光鼓的电阻率应很快下降，即成为电的良导体，使得感鼓表面电荷很快释放而消失。

② 感光鼓

卡尔逊静电复印法所使用的感光鼓主要由硒及硒合金、氧化锌、有机光电导材料等构成，一般是在导电基体上(如铝板或其他金属板)直接涂敷或蒸镀一薄层光电导材料。其结构上面是光导层，下面是导电基体。

卡尔逊静电复印法大致可分为充电、曝光、显影、转印、分离、定影、清洁、消电8个基本步骤。

(1) 充电

充电就是使感光鼓在暗处，并处在某一极性的电场中，使其表面均匀地带上一定极性和数量的静电荷，即具有一定表面电位的过程，这一过程实际上是感光鼓的敏化过程，使原来不具备感光性的感光鼓具有较好的感光性。充电过程只是为感光鼓接受图像信息准备的，是不依赖原稿图像信息的预过程，但这是在感光鼓表面形成静电潜像的前提和基础。

当在暗处给感光鼓表面充上一层均匀的静电荷时，由于感光鼓在暗处具有较高的电阻，所以静电荷被保留在感光鼓表面，即感光鼓保持有一定的电位并具有感光性。对于不同性质的光电导材料制的感光鼓应充以不同极性的电荷，这是由半导体的导电体决定的，即只允许一种极性的电荷(空穴或电子)“注入”，而阻止另一种极性电荷(电子或空穴)的“注入”。因此对于N型半导体，表面应充负电；而对P型半导体，则应充正电。当用正电晕对P型感光鼓充正电时，由于P型半导体中负电荷不能移动，因此光导层表面的正电荷与界面上的负电荷只能相互吸引，而不会中和。倘若用负电晕对P型感光鼓充负电，则由于光导层及共界面处，感应产生的是正电荷，而P型半导体的主要载流子是“空穴”，自由移动较为容易(或称为“注入”)，这样就很容易与感光鼓表面的负电荷中和。所以对P型感光鼓充负电时，其充电效率相当低。相反对于N型感光鼓，则由于其主要载流子是“电子”，若对其充正电时，其充电效率也极其低。目前静电复印机中通常采用电晕装置对感光鼓进行充电。

(2) 曝光

曝光是利用感光鼓在暗处时电阻阻值大而可视为绝缘体和在明处时电阻小而可视为导体的特性来工作的。对已充电的感光鼓用光像进行曝光，有光照区（原稿的无线条和图像部分）的感光鼓表面电荷因放电而消失；而感光鼓的无光照区域（原稿的线条和墨迹部分）电荷依然保持，从而在感光鼓上形成表面电位且随图像明暗变化而起伏的静电潜像过程。

进行曝光时，原稿图像经光照射后，图像光信号经光学成像系统投射到感光鼓表面，光导层受光照射的部分称为“明区”，而没有受光照射的部分自然叫“暗区”。在明区，光导层产生电子空穴对，即生成光电载流子，使得光导层的电阻率迅速降低，由绝缘体变成良导体，呈现导电状态，从而使感光鼓表面的电位因光导层表面电荷与界面处反极性电荷的中和而很快衰减。在暗区，光导层则依然呈现绝缘状态，使得感光鼓表面电位基本保持不变。感光鼓表面静电电位的高低随原稿图像浓淡的不同而不同，感光鼓上对应图像浓的部分表面电位高，图像淡的部分表面电位低。这样，就在感光鼓表面形成了一个与原稿图像浓淡相对应的表面电位起伏的静电潜像。

(3) 显影

显影就是用带电的色粉使感光鼓上的静电潜像转变成可见的色粉图像的过程。显影色粉所带电荷的极性，与感光鼓表面静电潜像的电荷极性相反。显影时，感光鼓表面静电潜像在场力的作用下，将色粉吸附在感光鼓上。静电潜像电位越高的部分，吸附色粉的能力越强；静电潜像电位越低的部分，吸附色粉的能力越弱。对应静电潜像电位（电荷的多少）的不同，其吸附色粉量也就不同。这样感光鼓表面不可见的静电潜像，就变成了可见的与原稿浓淡一致的不同灰度层次的色粉图像。在静电复印机中，色粉的带电通常是通过色粉与载体的摩擦来获得的。摩擦后色带电极性与载体带电极性相反。

(4) 转印

转印就是用复印介质贴紧感光鼓，并在复印介质的背面给以色粉图像相反极性的电荷，从而将感光鼓已形成的色粉图像转移到复印介质上的过程。

目前静电复印机中通常采用电晕装置对感光鼓上的色粉图像进行转印。当复印纸（或其他介质）与已显影的感光鼓表面接触时，在纸张背面使用电晕装置对其放电，该电晕的极性与充电电晕相同，而与色粉所带电荷的极性相反。由于转印电晕的电场力比感光鼓吸附色粉的电场力强，因此在静电引力的作用下，感光鼓上的色粉图像就被吸附到复印纸上，从而完成了图像的转印。在静电复印机中为了易于转印和提高图像色粉的转印率，通常还采用预转印电极或预转印灯装置对感光鼓进行预转印处理。

(5) 分离

在前述的转印过程中，复印纸由于静电的吸附作用，将紧紧地贴在感光鼓上，分离就是将紧贴在感光鼓表面的复印纸从感光鼓上剥落（分离）下来的过程，静电复印机中一般采用分离电晕（交流、直流）、分离爪或分离带等方法来进行纸张与感光鼓的分离。

(6) 定影

定影就是把复印纸上的不稳定、可抹掉的色粉图像固定的过程，通过转印、分离过程转移到复印纸上的色粉图像，并未与复印纸融合为一体，这时的色粉图像易被擦掉，因此须经定影装置对其进行固化，以形成最终的复印品。

目前的静电复印机多采用加热与加压相结合的方式，对热熔性色粉进行定影。定影装置加热的温度和时间及加压的压力大小，对色粉图像的黏附牢固度有一定的影响。其中加热温度的控制是图像定影质量好坏的关键。

(7) 清洁

清洁就是清除经转印后还残留在感光鼓表面色粉的过程。感光鼓表面的色粉图像由于受表面的电位、转印电压的高低、复印介质的干湿度及与感光鼓的接触时间、转印方式等的影响，其转印效率不可能达到100%，大部分色粉经转印从感光鼓表面转移到复印介质上后，感光鼓表面仍残留有一部分色粉，如果不及时清除，将影响到后续复印品的质量。因此必须对感光鼓进行清洁，使之在进入下一复印循环前恢复到原来状态。静电复印机中一般采用刮板、毛刷或清洁辊等装置对感光鼓表面的残留色粉进行清除。

(8) 消电

消电就是消除感光鼓表面残余电荷的过程。由于充电时在感光鼓表面沉积的静电荷并不因所吸附的色粉微粒的转移而消失，在转印后仍留在感光鼓表面，如果不及时清除，会影响后续复印过程。因此，在进行第二次复印前必须对感光鼓进行消电，使感光鼓表面电位恢复到原来状态。有一种静电复印机采用曝光装置来对感光鼓进行全面曝光，还有一种用消电电晕装置对感光鼓进行反极性充电，以消除感光鼓上的残余电荷。

2. NP 静电复印法

NP 静电复印法是日本佳能公司发明的一种新的静电复印方法，这种方法有别于传统的卡尔逊静电复印法，它是卡尔逊静电复印法的改进和发展。NP 静电复印法的基本过程主要由前消电/前曝光、一次充电(主充电)、二次充电/图像曝光、全面曝光、显影、转印、分离、定影、鼓清洁 9 个基本步骤组成。

从上述步骤可以看到，NP 静电复印法的静电复印过程比典型的卡尔逊法静电复印过程复杂，其主要原因是 NP 静电复印法采用的光电导材料虽然光敏性很好，但暗阻率太低，充电以后暗衰太快，不能使用像硒等光电导材料那样能长时间地保存电荷的感光鼓。因此使用硫化镉等其他能长时间地保存电荷光电导材料的感光鼓。因此使用硫化镉光电导材料的感光鼓结构也与典型卡尔逊法的感光鼓结构不同。卡尔逊静电复印法的感光鼓一般是两层结构，即光电导层和导电基本。而 NP 静电复印法的感光鼓则是由透明的绝缘层、光导层和导电基本 3 层构成，具体的感光鼓结构在第 3 章中有详细的讲解。

NP 静电复印法静电复印的过程除了静电潜像的形成和显影过程外，其他都与卡尔逊法静电复印过程基本相同。NP 静电复印法静电潜像的形成包括前消电/前曝光、一次充电、二次充电/图像曝光和全面曝光 4 个基本步骤。

(1) 前消电/前曝光

前消电/前曝光的过程是在第一次充电(主充电)前用负高压电晕放电来消除感光鼓表面由于前一次复印循环遗留的残余电荷，同时用荧光灯(前曝光灯)充分照射感光鼓(称为前曝光)，以降低硫化镉光导层内部的电阻。前曝光的作用有：

① 使光导层的残余电荷可以充分泄入大地；

② 为以后再对感光鼓进行主充电时，能够均匀地注入一定数量和极性的电荷提供条件，以防止由于静电潜像电荷分布不良造成复印浓度不均和黑实心图像中出现白色斑点的现象。

NP静电复印法采用硫化镉分散体作为光电导层，这种材料在暗处放置一段时间后电阻率会大大增加，如果在这种情况下进行复印，复印品会产生底灰，甚至使得整个画面发黑。经过前消电/前曝光这一过程后，由于负高压电晕放电的影响，会使感光鼓表面略呈负电位。

(2) 一次充电

NP静电复印法通过在一次充电电晕器上加正极性直流高压进行正电晕放电，使感光鼓表面均匀充上一层正电荷，即形成一次电位。

当一次充电电晕器加上直流高压后，电晕器开始放电，使得电晕丝周围的空气电离，正极性的离子在电场的作用下，向感光鼓表面的绝缘层运动，由于绝缘层不导电，起着阻挡层的作用，这样电晕离子因不能穿过绝缘层而沉积在绝缘层表面，使绝缘表面均匀地充上一层正电荷。由于静电感应的作用，在接地的导电基体侧感应出等量的反极性电荷(负电荷)，但因硫化镉是N型半导体，主要载流子是负电荷(电子)，同时由于经过前曝光，光导层(硫化镉)的阻值下降，使得这些感应出的负电荷比较容易地注入到光导层，并在绝缘层表面正电荷的吸引下向表面正电荷方向迁移，最终到达光导层与绝缘层界面处，使硫化镉膜层表面带有与绝缘层表面相反的等量的负电荷，与表面正电荷相平衡，形成稳定状态。这样，硫化镉光导层表面就具有了一定的表面电位，从而在绝缘层表面与导电基体间形成了一定的电位差，使感光鼓表面(即绝缘层面)具有一定的表面电位。随着充电时间的增长，表面电荷越积越多，感光鼓表面电位也相应升高。

(3) 二次充电/图像曝光

二次充电/图像曝光是一个过程的两个方面。这一过程是利用交流电晕器或反极性直流电晕器对感光鼓表面充电电荷进行消电的同时对感光鼓进行图像曝光。二次充电的作用是中和绝缘层表面的正电荷；图像曝光则是为了在消电过程中使绝缘层表面形成与原稿明暗相对应的静电电荷分布。

当原稿图像被照射并通过光学系统投射到感光鼓表面时(即曝光)，在感光鼓表面形成两个区域分别是带图像的“暗区”和不带图像的“明区”。在明区，由于光照使光导层(硫化镉)的电阻率大大降低，成为导体。原先驻留在光导层与绝缘层界面的负电荷(电子)，在绝缘层表面的正电荷被二次负电晕中和的同时，通过光导层向接地的导电基体泄逸。因此，明区的表面电位迅速下降至0 V左右。在暗区，则由于光导层(硫化镉)未受光照，基电阻率仍然很高(即保持绝缘状态)使得驻留在光导层与绝缘层界面的负电荷不能向导电基体方向泄逸。绝缘层表面正电荷受其影响，即由于绝缘层下面负性电荷的吸引，使得消电电晕只能中和掉一部分表面正电荷，大部分正电荷仍然保留在感光鼓暗区表面。此时，由于表面正电荷数量的减少，在绝缘层下面的负电荷多于绝缘层表面的正电荷，因此在导电基体与光导层界面处又感应出正电荷(导电基体侧)，其数量与表面正电荷减少的数量相等，以达到正负电荷量的平衡。虽然在感光鼓暗区仍保留有大部分表面电荷，同时由于暗区表面电位低于光导层的电位，因此仍未形成适用的静电潜像。也就是说，二次充电/图像曝光的结果，使得无论是在感光鼓的明区还是暗区以及感光鼓表面电位都已降为零电位，没有形成电位反差。

(4) 全面曝光

经过图像曝光、二次充电后，在硫化镉感光鼓的表面形成了表面电位相同、电荷密度不同的潜像，这种潜像是无法用传统的静电显影方式来显影的。为了把这种电荷密度潜像表示电位起伏的静电潜像，必须对感光鼓表面进行全面曝光。

全面曝光就是利用曝光灯对感光鼓表面进行全面、充分、均匀地光照，使感光鼓光导层（硫化镉）的电阻率下降成为电的良导体。对于明区，由于二次充电/图像曝光时就已失去全部电荷，故全面曝光对其不发生任何作用，其表面电位不变；对于暗区，由于全面曝光使得绝缘层下面的光导层变为导体，使光导层与绝缘层界面处多余的负电荷穿过光导膜层，并与导电基体感应上来的一部分负电荷一起被绝缘层表面正电荷吸引，继续保持平衡状态。这样，在感光鼓绝缘层表面和导电基体间就形成电位差，最终使得感光鼓绝缘层表面“暗区”的电位迅速升高。因此，全面曝光的结果，使得感光鼓明区和暗区形成了明显的电位差，最终在感光鼓绝缘层表面上形成了表面电位随光学图像明暗变化的高反差静电潜像。

（5）显影

NP静电复印法使用的是单组分显影剂跳动显影的方法进行显影。单组分显影剂中没有载体，其色粉粒子由磁性材料、炭黑和树脂等组成，具有绝缘性和磁性。绝缘性有助于色粉的转印，磁性便于用显影磁辊来运载色粉。显影时，色粉与旋转的显影磁辊相摩擦而带负电并且在显影刮刀刃口的集中磁场作用下，在显影磁辊表面形成一层薄而均匀的色粉层。当具有静电潜像的感光鼓与显影磁辊上的色粉层接近时，在感光鼓表面静电潜像和显影磁辊交流偏压的作用下，使色粉在感光鼓与显影磁辊之间跳动显影。

（6）转印、分离、定影、清洁

NP静电复印法的转印、分离、定影和清洁等过程与卡尔逊静电复印法一样。感光鼓上的静电潜像通过显影形成可见的色粉像，经转印装置转印到复印纸上，再由分离装置分离后送到定影部件进行定影，使色粉固着在复印纸上，形成永久的复印品。感光鼓则在清洁后进入下一复印循环。

1.4.3 复印机的复印过程

1. 复印过程概述

复印过程如图1-11所示。过程中包含的部件及过程的功能如下所示。

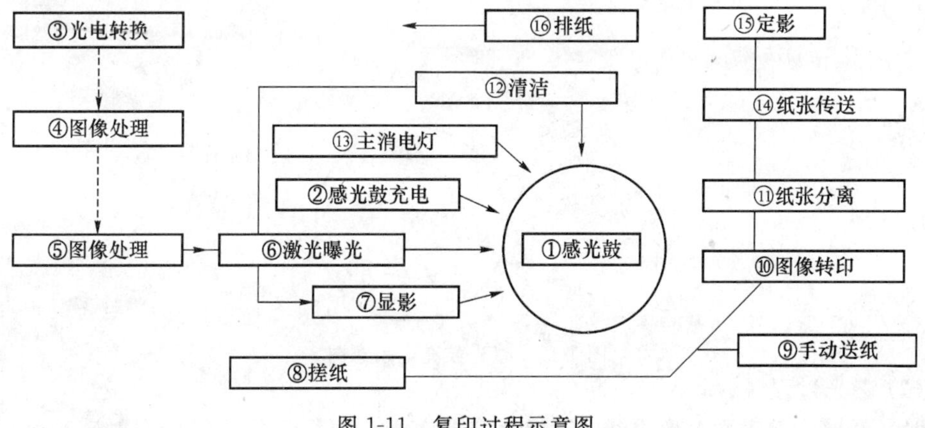

图1-11 复印过程示意图

①—感光鼓:由涂有光敏层的铝管构成,光敏层上形成静电潜像;

②—感光鼓充电:在感光鼓的整个表面上分布均匀的 DC 负电荷;

③—光电转换:CCD 感应器用来将原稿反射光所代表的图像数据转换成相应的电信号,该电信号又输出到图像处理部分;

④—图像处理:模拟电信号转换成一个 8 位的数字图像信号(A/D 转换),该数字图像信号输出到图像处理部分之前先通过适当的校正;

⑤—图像处理:经过修正后,数字图像信号又转换成相应的电信号(D/A 转换),该信号使激光器根据需要开或关;

⑥—激光曝光:激光束照射感光鼓的表面,形成静电潜像;

⑦—显影:在显影剂混合腔内带有负电荷的碳粉被吸附在静电潜像上后,使之变成可见的显影图像,显影偏压施加于显影辊上,以防止碳粉被吸到感光鼓上对应于原稿背景区域的部分表面;

⑧—搓纸:从送纸盘送纸;

⑨—手动送纸:作为标配的多张手送进纸盘安装在主机上时,可允许连续送纸;

⑩—图像转印:使图像转印辊带上直流正电荷,将感光鼓表面上的可见图像转印到纸上;

⑪—纸张分离:感光鼓的纸张分离爪将纸张从感光鼓表面分离,电荷中和板将残留在纸上的电荷中和掉;

⑫—清洁:将残留在感光鼓表面上的碳粉刮去,将刮掉的碳粉回收到显影单元;

⑬—主消电灯:光线照在感光鼓表面以中和清洁后仍残留的电荷;

⑭—纸张传送:纸张传送到定影单元;

⑮—定影:通过定影辊施加热和压力,显影图像永久定影在纸上;

⑯—排纸:纸张送出到排纸盘。

2. 图像形成过程

(1) 感光鼓充电

目的是在感光鼓表面上形成电荷层。用一个小型梳形电极对感光鼓充电,以减少产生的臭氧量并节省空间。感光鼓充电电晕使电荷均匀分布在感光鼓的整个表面。在电晕导线与感光鼓之间的栅极网可确保电荷在整个感光鼓表面上均匀分布。感光鼓充电如图 1-12 所示。

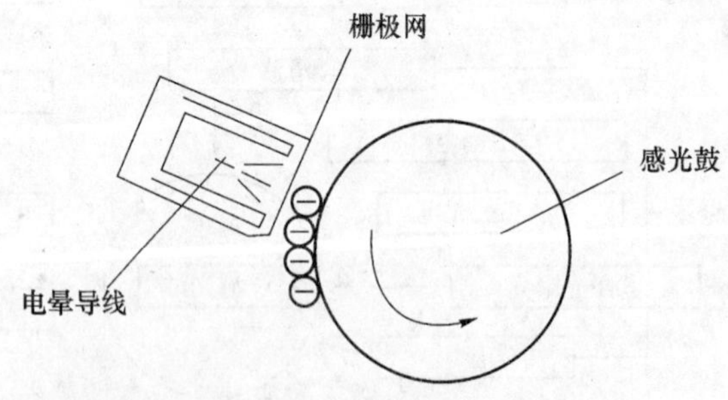

图 1-12 感光鼓充电示意图

(2) 曝光过程

为了在感光鼓表面上形成静电潜像就需要曝光。原稿上的反射光照射感光鼓,形成静电潜影。曝光过程如图 1-13 所示。

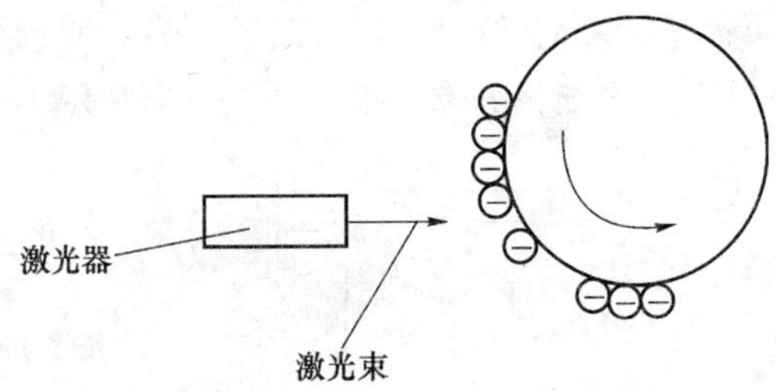

图 1-13 曝光过程示意图

(3) 显影过程

显影过程就是将静电潜像变成可见的显影图像的过程。碳粉被吸引到曝光过程产生的静电潜像上,从而形成可见的显影图像。显影过程如图 1-14 所示。

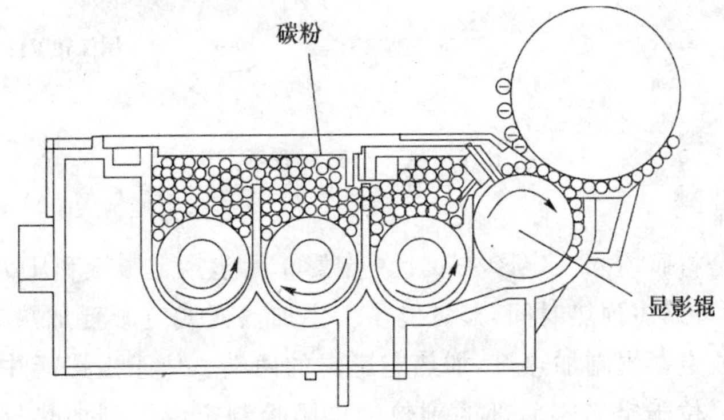

图 1-14 显影过程示意图

(4) 图像转印过程

图像转印就是将感光鼓表面上的碳粉图像转印到纸上。图像转印辊从纸张背面施加电荷,从而将感光鼓表面上的碳粉转印到纸上。图像转印过程如图 1-15 所示。

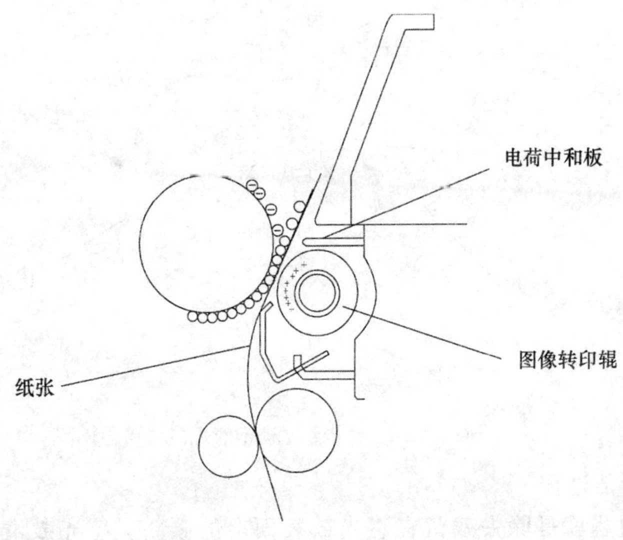

图 1-15 图像转印过程示意图

(5) 纸张分离过程

分离纸张，其上有从感光鼓表面转印的碳粉图像。采用的纸张分离系统，由纸张分离爪以弯曲分离和机械分离方式将纸张分离。纸张分离过程如图 1-16 所示。

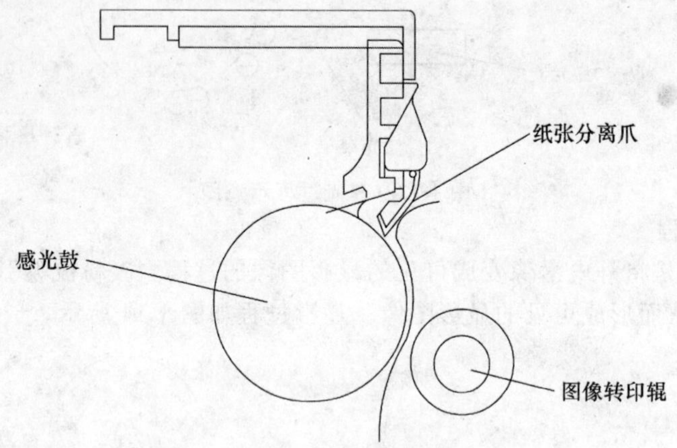

图 1-16　纸张分离过程示意图

(6) 定影过程

定影过程就是将碳粉永久定影在纸上。定影单元包括定影辊和压力辊。定影辊配有两个加热灯，因而可缩短预热时间，节省能量。主加热器或定影辊加热灯，加热定影辊的中部。副加热器或定影辊副加热灯，加热定影辊的两端。位于定影辊中部的热敏电阻控制定影辊加热灯。位于定影辊后部的副热敏电阻控制定影辊副加热灯。定影过程如图 1-17 所示。

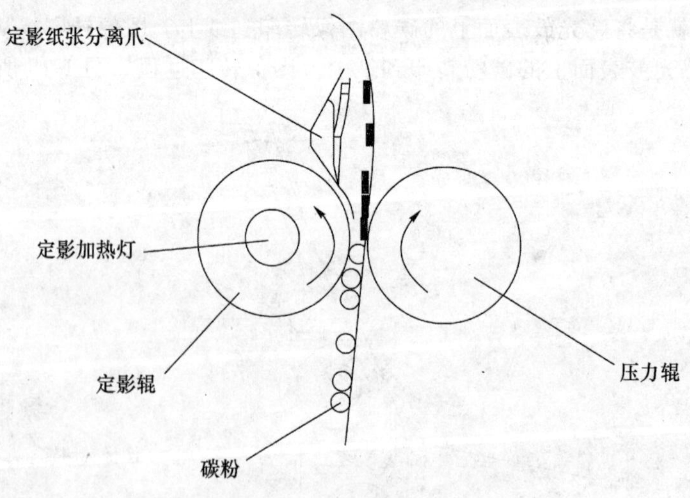

图 1-17　定影过程示意图

(7) 感光鼓清洁过程

感光鼓清洁过程就是除去残留在感光鼓表面上的碳粉。感光鼓清洁过程如图 1-18 所示。

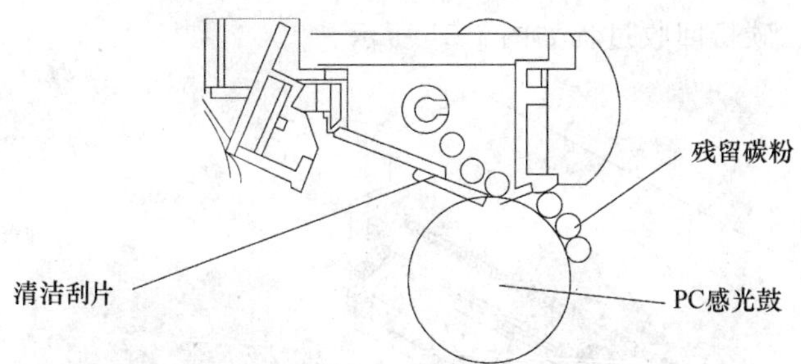

图 1-18 感光鼓清洁过程示意图

（8）电荷中和过程

电荷中和过程就是中和掉感光鼓被清洁后其表面上仍残留的电荷。感光鼓表面上残留的电能会被消电灯中和掉。电荷中和过程如图 1-19 所示。

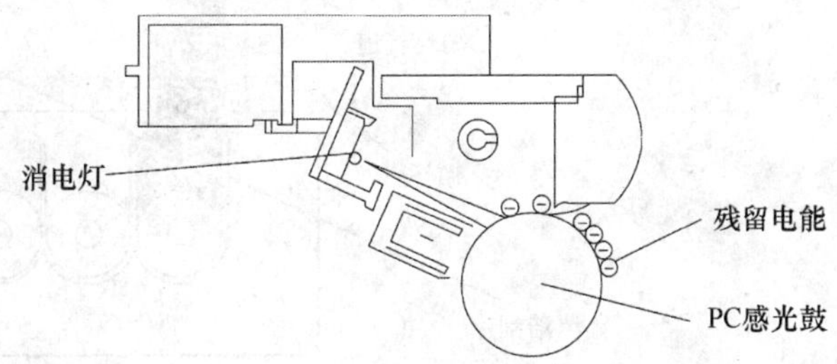

图 1-19 电荷中和过程示意图

（9）图像转印辊清洁过程

这个过程是为了除去图像转印后粘在图像转印辊表面上的碳粉。在图像转印辊表面加上与碳粉极性相同（负）的电荷，来清洁图像转印辊表面。图像转印辊清洁过程如图 1-20所示。

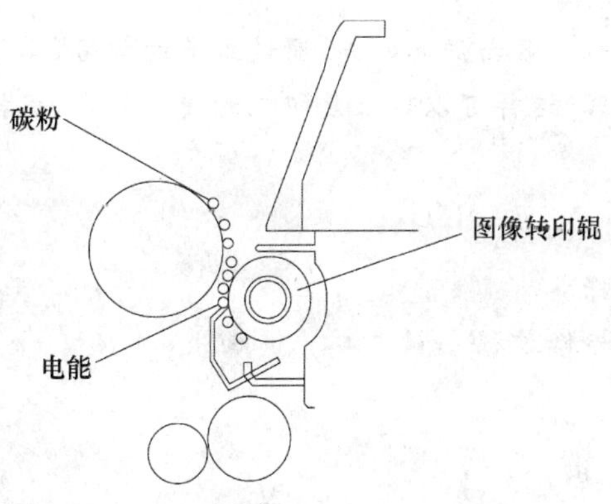

图 1-20 图像转印辊清洁过程

（10）碳粉回收过程

这个过程是回收清洁感光鼓过程中除去的碳粉。清洁刮片刮下来的碳粉由碳粉循环管传回显影单元。碳粉回收过程如图 1-21 所示。

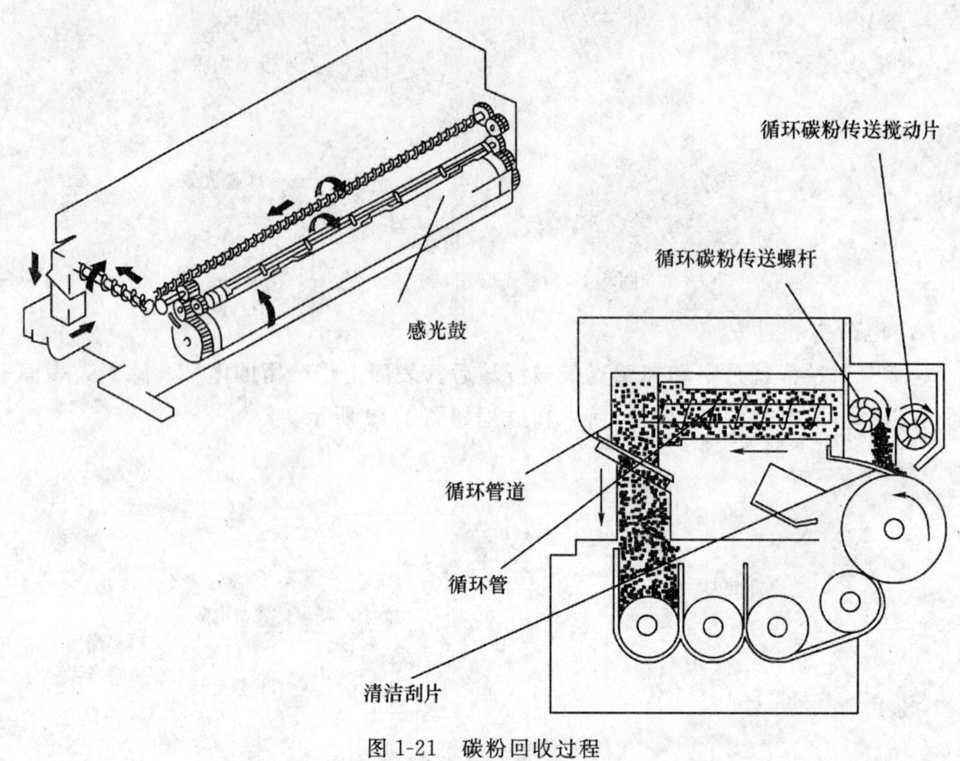

图 1-21　碳粉回收过程

1.5　安装与保养

【概述】

本节主要介绍复印机安装与保养知识，通过本节的学习，学员能够了解复印机的安装与定期保养和检修的内容，这样可以延长复印机的使用寿命，保持复印的质量。

【学习目标】

了解复印机的安装

掌握复印机的定期保养

掌握复印机的定期检修过程

【本节重点】

复印机的定期保养

复印机的定期检修过程

【本节难点】

复印机的定期保养

复印机的定期检修过程

1.5.1 复印机安装注意事项

复印机的安装需要注意很多事项，有时维修好的复印机的安装不注意也会造成复印质量或复印机本身的故障，具体的安装注意事项见表1-2。

表1-2 复印机安装注意事项

序号	操作步骤	检查项目	备注
1	拆开机器本体包装箱		
2	用双手伸到复印机左右两侧的下方底板的下面(机器下方有垫物)，将复印机抬起，置于机架或者桌子上		如果将复印机装载于机架上，应使机架上的两个定位销钉插入到复印机的左侧前后各一个的机脚孔内
3	打开附件纸板箱，将其中的部件全部取出来	请检查一下以下部件是否配齐： • 排纸托架 • 操作手册 • 操作手册插架 • 鼓暗盒 • 黑墨盒 • 地线电缆 • 复印纸盒 • 原稿放置台	
4	打开塑料包装袋，扯下各外装胶布条，取下复印纸盒部的减震缓冲衬垫	确认包装口袋之类表面无冲撞痕迹、硬伤	
5	取下左盖外侧的光学系统固定板上的2个螺丝，将此固定板向右方滑动，向前方拽出		
6	打开前盖，解除显影器的加压状态，从本体中将其拉出	确认显影器上无伤痕	
7	扯下转印电晕器上的固定胶布条，去除输纸部以及定影器入口处的缓冲衬垫		
8	松开输纸部，从机内取出模拟感光鼓		安装模拟感光鼓的螺丝应予保存待用
9	取下镜头台底板下方的镜头锁定螺丝		
10	打开排纸盖，取下定影辊用减压衬垫(2个)		
11	打开鼓暗盒的包装，去掉遮光物	打开鼓暗盒包装时，注意不得伤及鼓表面	先揭下遮光物上贴着的密封条，再取下遮光物，不允许硬扯遮光物本身
12	安装好鼓暗盒，用安装模拟感光鼓用的1个螺丝将其固定		
13	2～3次前后推拉鼓暗盒清扫用手柄清扫干净一次电晕器		
14	安装显影器		

续表

序号	操作步骤	检查项目	备注
15	卸下后盖，确认各齿轮、绞盘、滑轮以及接插件等确实正确无误地安装在各自的位置上		
16	在复印机用电源电缆上附着好地线，将地线接到地线接头上	可用做地线的物件： • 插座的地线 • 将铜棒埋入地下，埋入部分长度超出 65 cm • 自来水管理部门认可的用做地线的自来水管(绝对不能允许将地线接到煤气管道上)	
17	按用户的希望，换上适当尺寸的复印纸盒		
18	将电源插销插入电源插头，将电源开关置于“1”的位置	• 确认复印纸补给指示灯亮 • 按下复印启动键，复印指示红灯亮	
19	插入有复印纸的复印墨盒	• 确认复印纸补给指示灯灭 • 按复印页数指示与清除键的各种组合键，检查机器功能是否正常	
20	安装排纸托架		
21	打开原稿台盖，去掉原稿台上铺的纸盒贴在原稿尺寸标记板上的保护条		
22	再次按下复印启动键，指示灯变绿，用同一原稿复印 2 次，但开始复印第 2 次时，请先等待 10 s 以上时间以便使鼓完全停下来		
23	将显影器拉到拉不动的位置		
24	充分摇动墨粉暗盒		
25	打开显影器盖，将墨粉盒里侧的突起部插入显影器里侧金属盖板的孔内，再稍稍向前侧拉拽墨粉暗盒，直到其碰到前侧左边的突起部		
26	用手按住墨粉暗盒，慢慢地向着前侧的方向扯下粘着的封条		
27	轻轻敲打几下墨粉盒的上部，使在墨粉暗盒内残留的墨粉落入显影器中		
28	取下墨粉暗盒，将其放入一空盒内		
29	关上显影器盖，将其推入到机内，一直推到头		
30	顺时针方向拧转显影器加压手柄		
31	关上前盖		
32	电源开关 ON		
33	当复印启动键复印可能指示灯变绿之后，用白纸放在原稿台玻璃上，复印 6～10 页复印件		

续 表

序号	操作步骤	检查项目	备注
34	在原稿台上放置测试卡检查复印图像质量	(1) 复印动作正常 (2) 复印件图像前端空白区正常 (3) 不正常时做相应调整	
35	手工给纸试验	做双面及多重复印试验，看复印动作是否正常，不正常则做相应调整	
36	将全部外盖安好		
37	在后盖上安装好操作手册插架		
38	将操作手册插入操作手册插架内		
39	清扫机器外部及其周围地区，在服务记录上记入必要情况		

有些感光鼓对光非常灵敏，即便在屋里，如见光，图像就会产生白漏印区或宽黑线。因此对感光鼓操作应注意下列事项。

- CT 组件尽可能在 1 min 内更换完毕。
- 卡纸处理尽可能在 5 min 内进行完毕。
- 从复印机上取下感光鼓组件进行维修时，要用安装该复印机时取掉的包装感光鼓暗盒用的遮光片(没有遮光片时可用白纸代替)包裹好感光鼓，将其放在暗处。
- 不要摸触感光鼓表面，如果不小心弄脏了，那么要用抹上墨粉的绒布(不能使用清洁纸)擦净。千万不要用干布或溶剂进行清洁。

1.5.2　保养与检修

1. 定期更换部件

为了使复印机机器功能始终保持在一定水平之上，必须定期更换一些部件(即使从外表看既无变化也无破损，只要其功能劣化对复印机或复印质量影响颇大的部件都包括在内)，例如臭氧过滤器、静电除电针、转印电晕丝、显影滚轴等，具体的更换时间根据复印机的更换页数限制来定。

2. 消耗品

在复印机保修期内，可能出现一次以上由于部件劣化或破损而不得不将其更换的事情。具体更换的时间是根据平均寿命(复印页数)来定的。更换的部件如定影器的涂油辊、光学系统拉线、原稿照明灯、给纸辊、定影上辊轴承、前曝光灯、定影上/下辊、定影器的上/下分离爪等。

3. 定期检修的基本步骤

一般的复印机在复印 1 万份以后都要维修保养一次，如果遇到需要更换的部件要及时更换。具体的检测步骤见表 1-3。

表 1-3　定期维修检测基本步骤

序号	操作步骤	检查项目	保养
1	记录使用情况	复印机的状况	
2	记录计数器的读数	复印故障次数	
3	等倍、缩小、放大、连页复印	(1) 图像浓度 (2) 白区玷污 (3) 文字的鲜明度 (4) 前端非复印区宽度 (5) 左右的空白区 (6) 定影、同步、模糊、背面弄脏 (7) 异常音 (8) 计数器动作状况	
4	各电晕器		用无纤纸擦净之后，用酒精清洗干净
5	清扫原稿台盖、原稿台玻璃		用酒精扫除
6	检查废墨粉		
7	臭氧过滤器		每年更换一次
8	光学系导轨		用酒精扫除后，上润滑剂
9	输纸部	检查转印导轨、输纸带和输纸部底台	湿软布清洁
10	光路部	检查稿纸照明用反射板、稿纸照明用反射侧板、镜头和防尘玻璃	用吹气刷扫除，若有严重弄脏时，请用清洁剂扫除
11	一次电晕线		用无纤纸干擦后，用酒精扫除
12	转印电晕线 静电除电针		吹气刷或刷子等清扫或者更换
13	显影器	检测显影轮和侧密封	用酒精清扫或者更换
14	定影器	检测定影上/下辊、输纸板和分离爪	用丁酮清扫

1.5.3　维修模式的进入方法

复印机维修过程中，有时需要进入维修调整方式进行维修，下面分别介绍模拟和数字复印机的维修调整进入方式。表 1-4 是模拟复印机的维修调整进入方式；表 1-5 是数码复印机的维修调整进入方式。

表 1-4　模拟复印机的维修调整进入方式

序号	品牌	进入方法	详细说明
1	美达、震旦复印机	1087—1087—	
2	美能达复印机 1050、1080	停止—0—停止—1 进入自检功能，再按 1＋X(X＝3、5、7、8)进入	顺序按停止—0—停止—1—停止—复印键—4(11 或 12)—复印键进入调整功能； 1054、1085 计数键—停止—0—0—停止—0—1

续表

序号	品牌	进入方法	详细说明
3	夏普复印机	C—插入—0—插入	
4	理光复印机 4000 系列	打开面板左盖下 SW1-8，输入代码，按#键	4418 打开主板上的 SW4； 4422、4015、4615、5632 面板还原键（右上角黄色）—1、0、7—C 键 3 s 以上
5	东芝复印机	0+5+ON	
6	施乐复印机	0+ON	
7	佳能复印机 1215、2020、3020	按主板上的微动开关（机器左下角）进入	按分页键执行； 6030、4050 等按前盖内的微动开关，按*、3、*进入调整功能；*、4、*进入自检功能
8	松下复印机 1780、2680	纸盒/规格、3、清除/停止键	7713、7715 等同时按下纸盒/规格、倍率下键、清除/停止键

表 1-5 数字复印机的维修调整进入方式

序号	品牌	进入方法	详细说明
1	东芝	0+5+ON	按住 0 和 5 以及开机键
2	理光	依次按 C—1—0—7—C	第一个 C 为清除/停止键，后一个 C 为总清除键，且总清除键要按住 3 s 以上方可进入维修模式
3	佳能	佳能 7163 代码 jinru*—2+8—*输入 3 再按 AE 键，输入 326 按复印键，调整数字后按复印键再按全清除键就可以了。注意 2 和 8 同时按下要等待 3 s 以上的时间	维修模式的进入方法不一，有些有维修模式键，一按就可以进入维修模式，有些需要操作控制面板来进入维修模式。进入维修方式的操作为： (1) 按用户方式键 一边进行复印一边进行确认（I/O 显示方式）时，设置复印方式后再按用户方式键。 (2) 同时按数字键 2 和 8，按 0.5 s 以上。 (3) 再按用户方式键。 进入维修方式后，操作部上显示。按复位键，解除维修方式
4	夏普	C 键—插入键—0—插入键；C—曝—0—曝；#—插入键—0—插入键	对于夏普机型也有不同的进入方式；注："曝"为曝光浓度选择键
5	施乐	0+开机	
6	松下		依次按下功能键、原稿尺寸键、3，此时显示屏上出现 F1，说明已进入维修模式，退出时按功能键和清除键

第2章 复印机光学成像系统

☞概　述

结合复印机的光学成像系统的组成，详细讲解CCD图像传感器和激光曝光系统，通过本章的学习，学员能够掌握光学成像系统的组成部件和工作原理。

☞学习目标

- 掌握复印机光学成像系统的组成
- 了解复印机对光学成像系统的基本要求
- 掌握CCD图像传感器的工作原理
- 掌握复印机的激光曝光系统的组成和工作原理

☞本章重点

- 复印机的激光曝光系统的组成和工作原理

☞本章难点

- 复印机的激光曝光系统的组成和工作原理

2.1　光学成像系统的组成

【概述】

本节主要讲解光学成像系统的组成，通过本节的学习，学员能够掌握复印机的光学成像系统的组成。

【学习目标】

了解复印机对光学成像系统的要求

掌握光学成像系统的组成

【本节重点】

光学成像系统的组成

【本节难点】

光学成像系统的组成

复印机是常用办公设备，它集光学技术、静电成像技术、电子技术和机械技术于一体，结构原理比较复杂。光学成像系统是静电复印机的重要组成部分，它的作用是通过各个光学元件，对原稿进行曝光，从而形成光像，并把光像传输到经充电带有均匀电荷的感光鼓表面，使之形成和原稿图像浓淡相对应的静电潜像。各类复印机的光学成像系统构成差异较大，但其工作原理及各功能部件的作用基本相同。

1. 对光学系统的基本要求

由于光学系统的结构对复印机的整体结构影响很大，并且复印品的质量也与光学系统密切相关，因此，静电复印机的光学系统必须满足以下基本要求：

(1) 光源和镜头的光谱特性应与所使用的感光鼓匹配；

(2) 光源应有足够的强度，能迅速使敏化的感光鼓消电；

(3) 应选用功率小且发光效率高的光源，以减少功率消耗；

(4) 光路系统调节性能要好，通光效率要高(即光的损耗小)；

(5) 光路系统与光导体的同步误差，不得大于 0.5%，同时在扫描的起始点到终止点的全过程中，光学距离始终保持不变；

(6) 保证对整个原稿照度均匀；

(7) 应有良好的散热性，以保证复印机的连续复印，并使稿台玻璃的温度不超过 70℃；

(8) 系统的重复精度要高，结构经久耐用，安全可靠；

(9) 应有良好的密封性，以防止外部环境对光学系统的污染；

(10) 系统应易于装卸、调整、清洁和更换易损部件；

(11) 光源的安装，对地面应保持水平，尤其是卤素灯，否则影响其使用寿命；

(12) 通过光路系统，对光导体的照射，应使光导层表面各点所接受的光能，基本一致。

2. 光学成像系统

对原稿进行扫描曝光的光学成像系统称为扫描系统，它包括稿台玻璃、曝光灯、反光镜及扫描架、扫描架位置检测传感器和镜头单元等。

(1)光学扫描系统的扫描方式

目前静电复印机采用的扫描方式主要有原稿台移动式狭缝曝光、稿台移动光导纤维式曝光和反光镜移动式狭缝曝光 3 种。所谓狭缝曝光就是在曝光时通过一条光带照射原稿，并与感光鼓同步移动进行扫描曝光，在感光鼓上形成静电潜像。

① 原稿台移动式狭缝曝光

稿台移动式扫描曝光系统是利用原稿台玻璃的往复运动来完成图像扫描的。其中曝光灯、镜头和反光镜都是固定不动的,原稿台与感光鼓的表面线速度保持同步移动或成一定比例移动。因此,这种扫描曝光方式具有光学系统的结构简单、体积小、成像清晰、准确等优点,但此种机器对稿台负荷能力较差,复印速度一般也较低,不能复印大重量的原稿,且工作空间较大,变倍档次少。

② 稿台移动光导纤维式曝光

光导纤维式光学系统是由两排光导纤维互相交错地叠在一起,采用光导纤维矩阵代替光学系统中的镜头和反光镜,直接将原稿图像的反射光线传输到感光鼓表面,以形成静电潜像。这种类型的复印机其特点是工作时稿台移动,光导纤维不动,结构简单,体积小,但不能变倍且分辨率较低。通常所用的光导纤维的直径为 1.1 mm 左右,纤维长度 29.4 mm。

③ 稿台固定式曝光

稿台固定式光学系统复印机是目前大部分静电复印机采用的曝光方式,该曝光方式的过程是在进行复印时原稿台和成像镜头均固定不动,而第一扫描反光镜的移动速度总是和感光鼓表面线速度相等或成一定比例,第二扫描反光镜以第一扫描反光镜移动速度的一半与第一扫描反光镜同向运动,并且第一反光镜至第四或第五反光镜无论是在成像镜头的左边还是右边,都必须始终处于成像镜头的焦点上,即保持共轭距离不变。稿台固定式复印机的特点是稿台负荷能力较大,可复印较厚书籍,工作空间小,复印速度快等,但对于光学扫描装置的移动准确度要求较高,要求扫描系统尽量轻,并且在运动过程中须保持平稳,振动要小。

(2) 扫描系统的构成

静电复印机的扫描系统又分为光源部件和光路部件两部分。光源部件主要由曝光灯、反射罩、光量调整板等组成。光路部件则主要包括稿台玻璃、平面反光镜和成像镜头。有的复印机为了光学部件不受色粉污染,在光学和成像部件中间还设置有一个防尘玻璃。

1) 光源部件

在静电复印机中,由于原稿是不发光的,因此必须使用一定的光学手段(光源或灯具)将原稿照亮,且满足光导体表面所获得的原稿反射光达到所需要的照度,这就需要用曝光灯来照射原稿,使感光鼓成像表面达到所需要的照度,以完成曝光任务,它一般安装在反射罩中。对于曝光灯来说,其亮度与光谱特性必须与感光鼓的感光度、感色性等性能相匹配,才能达到理想的复印效果。

① 曝光灯

光源的种类很多,而且各项技术指标(如几何尺寸、耗电量、发光效率、亮度、色温等)也不相同。由于静电复印机的光源,一般都是专用的复印灯具,而且灯具的各项技术指标必须和感光鼓的材料(光导体的感光度、感光性能等)相互匹配,这样才有可能达到理想的复印效果。静电复印机理想的光源应是耗电量少、发光效率高、温度低、寿命长等。以上这些技术指标就目前的技术水平而言是可以达到的,但从实际应用来看,亮度和色温的匹配关系则是较为突出的内容。

A. 光源的亮度

作为光源的“灯”,要求发光强度大(即亮度高),发光效率高,这是为了使充电后的感光鼓表面经过反射光照能够形成足够大电位差的静电潜像。

各种不同类型的静电复印机对光源(灯光)亮度的要求是根据光导体所需要的曝光量来确定的,而曝光量是由像面(光导体的感光膜层)、照度和曝光时间的乘积决定的,即:曝光量=像面×照度×曝光时间。静电复印机的曝光时间是在设计和制造时就确定了的,是固定不变的,因此,照度足够与否,直接影响着光导体表面上形成静电潜像的质量。影响照度的因素除了与光源灯具的发光强度有关以外,还与光线传输过程中所经过的反光镜和透镜对光线的损失有关。如果曝光灯和反光镜基本上是新的,照度为100%,经过4次反光镜反射后,达到光导层表面的照度只剩38.4%~38.8%,若反光镜有污染,则达到光导层的照度将受到相当程度的损失,从而影响静电潜像的质量。因此,不仅要求光源的亮度要足够,而且光线传输系统要清洁,保障光线传输畅通无阻。

B. 光源的色温

光源的色温也就是曝光灯的色温,即光源发光的波长范围。曝光灯的色温应当与光导体材料的光谱感光灵敏度相适应,它同原稿对光源的光波反射率等因素也有一定关系。由于感光材料对光谱的敏感程度不一样,如有的光导材料对某几种波长的光敏感,而对其他波长的光可能不很敏感或不敏感,因此,要尽可能地选择某种光导材料能大部分感受其所需要的某种波长的光。如ZnO感光材料对红色光波不敏感,因此复印时对原稿上的红色印章即能很好地表现出来;又如采用硒碲合金光导材料(硒鼓)对波长为400~550 nm的偏蓝绿光最为敏感,如要复印偏色的原稿,选用发绿光的曝光光源,则可以使光源的效率得到很大的提高。所以,正确运用光源的光谱特性,确定光源应具有的色温,会收到良好的曝光效果,为复印出高质量的复印品打好基础。

C. 曝光灯的种类

目前静电复印机常用的曝光灯有高色温分极发光卤素灯和缝隙式高功率荧光灯。

i. 高色温分极发光卤素灯

高色温分极发光卤素灯属于热光源,为目前大多数静电复印机所采用,光源成分近似日光灯,它是根据辐射和卤钨再生循环的工作原理制成的。电流通过灯丝(钨丝)时,靠电能加热达到白炽状态,发出很亮的光。这种灯的特点是比普通白炽灯发光效率高,寿命长,几何尺寸小,且发光强度可按设计要求制作不均匀,发光强度可调。其缺点是工作温度较高。卤素灯是由铜箔、钨丝、支架和石英玻璃管等组成。

由光学的基础知识知道,当光线通过透镜在传播过程中,光线所经过的路径长短不同时,光的强度衰减也有所不同,由于光线的光路不同,所以照射到鼓面的光线强度也不同,由此可知鼓面上两端的光线应为最弱,而中间部位的光线最强,然而鼓面的感光性能中间与两端是一样的,是均匀的,因此,将产生曝光不均匀的现象。选择适当的曝光灯即可基本解决上述的因光路不同而造成的曝光不均的问题。

此外,由于温度较高,因此这种静电复印机一般都安装有冷却风扇和稿台温控装置。该灯在使用时应注意:

- 灯与原稿之间的距离要适度,使原稿既能获得最大的照度,又不至于被烤坏;
- 使光源中心处于反光罩椭圆形弧面的焦点位置上;
- 使灯管和原稿平行,以保证对原稿的照度均匀;

• 将灯管的抽气位置安置在侧面。

ii. 缝隙式高功率荧光灯

缝隙式高功率荧光灯属于冷光源，是一种较为先进和理想的复印机光源。在灯管上有一条和灯管长度一样长的出光缝。管内壁涂有一层反射材料(荧光粉)，这样相当于装了一个凹面反光镜，使该灯的发光强度得到很大提高。为了进一步增大该灯的定向光强，还在管壁与反射材料之间涂敷有一层反射层(二氟化钛)，同时为了防止因紫外线的照射使管壁发黑，影响发光强度，在出光缝部分还涂敷有一层二氧化锡。灯管内两端各有一根用钨丝绕制的灯丝，用以发射电子，管内抽成真空后再充入一定量的氩气和少量的水银。工作时，管内产生弧光放电并产生波长极短的紫外线，荧光粉吸收紫外线后发出呈近似日光的可见光，然后再经过管壁反射材料的多次反射，从出光缝获得强而集中的光来照射原稿。

荧光灯作为静电复印机的曝光灯光源，具有发光效率高、发光均匀、辐射温度低、不需冷却装置、耗电量小等特点。其缺点是发光强度较卤素灯低。它的发光强度调节是通过调节光缝大小来实现的，即在光路上加一个可产生光缝的装置，使光缝的中间部分通过光线较少，而两边通过的光线较多。它是通过改变很多金属叠加角度的大小来改变光缝的大小(类似于照相机中的光圈调节)。

② 反光罩

复印机通常将曝光灯置于一个反光罩(反光腔或反光室)内，反光罩多见于采用卤素曝光灯作光源的光学系统中。这是因为在静电复印机的光学系统中，由于光程长、反光镜面多，对光能的损失极为严重。为解决此类问题和改进卤素灯的光强分布，提高其光能利用率，通常还需要在曝光灯的后面加装一个反光罩来提高曝光灯的光亮强度，理想的反光罩弧面其切面是椭圆形曲线，光源的中心应位于椭圆的一个焦点处，而另一个焦点应位于原稿之上(下)一定距离。根据椭圆的特性，此时自光源发出的光经过反光罩而汇聚在原稿上，形成一条狭光带，其宽度应大于光缝的最大宽度。反光罩一般为铝合金制成，其抛物面反射壁的光洁度要好，通常还在其表面再镀上透明的防酸铝作保护层。在使用时，应将曝光灯的灯丝置于椭圆柱面的焦线上，以使曝光灯发出的光都能聚集反射到原稿上，提高原稿的照度。有的反光罩上还有配光调整板，其作用是遮住曝光灯的散射光，使其不得照射在感光鼓上。

③ 光量调整板

光量调整板是用来根据感光鼓的感光灵敏度对照射到原稿的曝光光量大小进行调整的，其位置一般可以移动并用螺钉固定。它是通过调节光源与原稿之间的光缝(相当于照相机的光圈)大小的方法来实现光量调整的。当光缝增大时，通光面积变大，曝光量就大；当光缝减小时，通光面积变小，曝光量就小。

2）光路部件

① 稿台玻璃

静电复印机为了放置原稿，且能使光线照射到原稿并能反射，在原稿台上装有原稿玻璃。光线是由光源(曝光灯)出发透过原稿玻璃而后照射到原稿上，然后再经过原稿将光线反射后再透过原稿玻璃把光线反射回来，经过光学系统(反光镜和镜头)而投射到已充好电荷的感光鼓上。因此，原稿玻璃应采用折射率小、透光率高的材料制成，且要求原稿玻璃应表面平整光滑，厚度均匀，无气泡等缺陷，以减少光的损耗，避免影响成像质量。

② 反光镜

为了缩小复印机的几何尺寸和减轻机器重量，通常采用反光镜以改变光轴的方向来缩小复印机的体积。

反光镜分为两种，一种是平面反光镜，另一种是反射棱镜。平面反光镜具有结构简单、成本低等优点，但在长期的使用中，其镀膜会损伤或变质脱落，而反射棱镜本身不需要镀膜层，坚固耐用，寿命长，且反射率很高，但制造工艺和加工精度要求较高。

平面反光镜是利用光的反光特性而制成的光学元件。在静电复印机中，一般都采用外反射式平面反光镜，它是在平板玻璃表面，用真空蒸镀法镀上一层银、铝或铬等反光物质制成的，平板玻璃在这里对反射膜只起到支撑体的作用。平面反光镜在光学系统中的主要作用是用曲折光路来改变光束的前进方向和传输光像。由于平面反光镜所生成的图像和实物上下不颠倒，但左右却调换了，所以当要求复印的图像和实物完全相同时，就需要采用偶数块平面反光镜。因此在间接式静电复印机的光学系统中，平面反光镜的数量是偶数。平面反光镜表面的平整度和光洁度对在感光鼓上形成的图像质量影响很大。

为了进一步提高平面反光镜的反射能力，通常还在反光面涂层上交替蒸镀低折射率物质和高折射率物质，形成增反膜以提高入射光的反射率，并增镀二氧化硅等材料以形成镜面保护膜。在使用中，平面反光镜的反射面应朝向光路。如果装反了，成像将会发生变形或重影。

③ 成像镜头

镜头是光学静电成像系统的重要部分。它是将由原稿反射回来的光线按一定比例汇聚，然后再经反光镜投射到感光鼓上，以获得适当的静电潜像。

成像镜头的成像亮度是中间亮、边缘弱，光轴外的照度从中心到边缘逐渐衰减。镜头的前焦距和后焦距相等，且固定不变。物距和像距可以根据缩放倍率的需要而改变。当物距和像距相等时，可获得对原稿 1∶1 的像，并且当物距等于 2 倍像距时，成像最清晰；当物距小于像距时，可获得原稿放大的像；当物距大于像距时，可获得原稿缩小的像。在静电复印机中，之所以采用两个或更多镜片按一定要求组合而成的镜组结构，是为了提高成像质量和控制透镜在成像中各参数的变化。镜组结构一般比较复杂，各镜片间距离精度要求很高，它们对成像的质量影响较大。

焦距、相对孔径和视场角是镜头的主要参数。常用的镜头焦距系列为 105、150、180、210、250、280、300、350、400、450、500、600、700、900 几种。焦距的单位为毫米。焦距越长，镜头的物距和像距也相应的越长（即原稿到镜头和镜头到感光鼓的光线传播距离也越长）。相对孔径即镜头孔径与焦距之比，通常用 F 数来标度。F 数系列为 3.5、4、4.5、5.6、6.3、8 和 11 等。F 数的数值越大，则相对孔径越小（同照相机镜头的光圈选择相类似）。视场角也就是镜头能够获得清晰物像的视角范围。通常视场角在 45°～70°为常角，80°以上为广角，45°以下为长焦距物镜。

3）其他部件

在静电复印机的光学系统中，除了以上主要的光学部件外，一般都还安装有滤色镜和冷却风扇等。

① 滤色镜

静电复印机使用的感光鼓因其光谱响应特性的差异，对颜色的感色性是各不相同的。虽然在静电复印机中尽量使用了与感光鼓的光谱特性相匹配的曝光光源，但总不能达到全色的光谱响应，始终存在对某种特定的颜色感色性差的问题。这样，就有必要进行补色以达到全色的光谱响应。滤色镜就是对感光鼓感色性差进行补色的器件。它一般采用颜色玻璃滤色和多层干涉膜滤色等方法。其具体应用如下：

- 光源预先滤色，即在曝光光源前面加装滤色镜预先进行滤色；
- 镜头滤色膜滤色，即在镜头的某一面上加多层干涉膜或滤色镜进行滤色；
- 在反光镜的反射面上镀一层感光鼓所需补色的特定颜色的涂层，使反光镜能反射这种特定的光谱，即具有特定的光谱特性，以达到滤色的目的。

② 冷却风扇

静电复印机采用的卤素灯，虽然亮度强，光效高，但这种灯管释放出的热量很大，易产生高温使原稿台玻璃炸裂或使机内温度升高，影响感光鼓的物理特性。因此须加装风扇进行散热冷却。冷却风扇在静电复印机的每个复印周期转动，将机外的冷风送至光学腔内，然后从顶盖或侧盖将光学腔内的热空气排出。

3. 激光扫描系统的控制

(1) 扫描系统的驱动控制方式

在静电复印机中，扫描装置的驱动(换向和速度)控制主要是通过直流驱动电路控制电磁离合器或直流电机来实现的。

1) 电磁离合器控制方式

使用电磁离合器实现驱动控制的静电复印机，在扫描装置(曝光灯或原稿台)需要扫描移动时，控制电路根据不同的复印倍率(在固定倍率情况下)输出相应的信号去控制电磁离合器的相应齿轮，将牵引曝光灯(或原稿台)的钢丝绳驱动转盘与主电机带动的主驱动链连接，从而实现扫描装置的变速和换向控制。

当扫描装置正向扫描移动时，光学系统的驱动轴靠向主传动链正向转动的齿轮。扫描装置返回时，驱动轴则靠向反向转动的齿轮。在变倍复印时，扫描装置移动的速度会因复印倍率的不同而发生变化。当缩小复印时，扫描装置移动的速度要加快，因此扫描装置的驱动轴靠向齿数较多的驱动齿轮；反之，当放大复印时，扫描装置移动的速度要放慢，驱动轴靠向齿数较少的驱动齿轮。

2) 直流电机控制方式

使用直流电机来控制扫描器(或原稿台)的变速和换向的静电复印机，由专门的控制电路通过改变加在直流电机上的工作电压的极性来改变转动的方向，并且通过改变直流电机转速变化所要求的基准信号频率来控制直流电机的转速。控制电路通常是通过电机启动、转动速度、正转和反转 4 种控制信号来控制直流电机以一定的转速正转或反转，从而带动扫描装置正向移动或反向移动的。

(2) 扫描系统的定位控制

静电复印机一般采用光电、微动或干簧开关等传感器来检测扫描装置(曝光灯或原稿台)的行程，并通过控制电路驱动电磁离合器或直流电机来实现定位控制的。通常，扫描装置的行程上至少有 3 个传感开关:第一个位于扫描装置的起点位置,用做原位检测;第二个位于行程中间部位,用做对位检测;第三个在扫描装置行程的终点位置,用做回位检测。当扫描装置到达相应的位置时就会触发这些行程开关,使它们产生相应的位置检测信号。控制电路则根据这些检测信号来控制扫描装置正向扫描移动和回位移动。

当曝光扫描时,静电复印机首先检测扫描装置原位检测信号,如果扫描装置不在起始位置,控制电路则控制返回离合器或扫描电机动作,使扫描装置返回到起始位置。如果扫描装置已在起始位置,则控制扫描装置进行正向扫描。随后,当静电复印机检测到对位检测信号时,则控制对位辊将复印纸送出,实现复印过程的对位控制。最后当检测到扫描装置回位检测信号后,静电复印机控制扫描装置反向扫描返回原位。

4. 光学变倍系统

用来放大或缩小原稿的光学系统称为变倍系统,它包括镜头单元、镜头架、变倍电机和镜头位置检测传感器等。

静电复印机的变倍功能是由光学系统来实现的,变倍复印是通过复印过程使复印品的图像大小与原稿有一定比例关系的复印。一般分为纵向变倍和横向变倍。通常将复印纸的前进方向称为纵向,与之相垂直的方向称为横向。静电复印机主要是通过改变镜头的成像条件来实现图像的横向变倍;而纵向变倍则是通过改变感光鼓表面线速度同扫描装置对原稿扫描速度的比来实现的。

(1) 横向变倍

静电复印机中图像的横向变倍是靠改变镜头的共轭距离或改变镜头的焦距来实现复印品横向倍率的放大或缩小。其变倍方式主要有以下 3 种。

1) 改变共轭距离

通过移动镜头,即改变成像镜头组件的位置,从而改变了物距和像距,最终使得复印图像横向放大或缩小。其优点是可以选择任意倍率;缺点是变倍时的共轭距离长。

2) 改变焦距

通过改变镜头的焦距,从而引起物距和像距的变化以实现变倍的目的。其变倍方法有以下两种。

① 轮转方式:即将有限数量的不同焦距的镜头装在转盘里,根据复印倍率的需要轮转使用即可达到变倍的目的。

② 辅助镜头方式:这种方式是把有限数量的辅助镜头插入标准(等倍)镜头前或后即可达到变倍目的。

3) 变焦距镜头

采用变焦距镜头的复印机,其复印比率可从 1/2~2 任意选择,倍率无级变化。

目前大多数静电复印机通常采用专用直流电机或电磁离合器来推动镜头组件做前后直线运动来改变镜头的物距、像距,以达到变倍的目的,并用光电传感器来检测镜头的位置和确定镜头位移量的多少,实现变倍量的控制。当需要进行复印倍率变换时,镜头组件在直流电机的驱动下移动,以调整像距和物距。当镜头在移动过程中接触到镜头行程中各个倍率位置的传感器开关时,传感器开关便发出镜头位置检测信号,直到镜头移动到相应倍率的位置,控制电路才停止镜头的移动。

(2) 纵向变倍

复印品的纵向倍率不仅依靠光学系统的横向倍率,纵向变倍是靠改变曝光灯扫描速度与感光鼓转速的倍率来实现的。这是因为在静电复印机中,光学系统的图像曝光最终是要在感光鼓表面上成像,而成像的过程又是靠扫描装置和感光鼓表面的不断移动,在整个感光鼓表面实现的。当扫描装置快于(或慢于)感光鼓的旋转时,复印件的纵向被压缩(或放大),从而使得整幅复印品按比例缩小(或放大)。

在静电复印机中,这种纵向变倍的控制是通过对静电复印机感光鼓的转速和扫描装置的扫描速度的控制来实现的。其控制方式有以下 3 种。

① 将复印机的扫描速度固定,通过改变感光鼓的转速来实现纵向变倍。

② 将复印机感光鼓的转速固定,通过改变扫描装置的扫描速度来实现纵向变倍。

③ 同时改变静电复印机感光鼓的转速和扫描装置的扫描速度来实现纵向变倍。

由于每一种感光鼓的感光速度是一定的,如果感光鼓的转速过高,大于感光鼓的感光速度,使感光鼓的曝光时间缩短,就容易造成感光不足,所以大多数复印机在变倍复印的情况下是通过改变扫描装置的扫描速度,使感光鼓表面的线速度与扫描装置移动的速度保持严格的比例关系,以达到纵向放大、缩小的目的。

注意,在改变扫描装置的扫描速度的时侯,有关的反光镜移动速度必须也加以改变,以使光学系统的线性倍率保持稳定。同时,在倍率改变的情况下,曝光灯的曝光量也应做相应改变,在放大时,曝光量应提高,在缩小时,曝光量应减小。曝光量的改变一般是通过改变供给曝光灯的功率来实现的。

当等比复印时,感光鼓表面的线速度是和扫描装置移动的速度相等,即扫描装置移动多远距离,感光鼓表面就转动多长距离;扫描装置移动多快,感光鼓的表面就转多快,也就是说扫描装置的扫描速度要与感光鼓表面的线速度同步。而当进行放大或缩小复印时,图像的纵向就要变化,这时感光鼓表面的线速度和扫描装置移动的速度就不应该同步,而应成反比,即扫描速度大于感光鼓表面线速度时,复印图像的纵向被压缩;扫描速度小于感光鼓表面线速度时,复印图像的纵向被拉长。纵向压缩和拉长的比例与放大、缩小的倍率是相等的。

5. 光学系统基本控制电路

(1) 曝光灯亮度控制电路

曝光灯亮度检测控制电路主要用于调整曝光灯亮度。在静电复印过程中,通过改变曝光灯的亮度可以调节复印曝光的量度,从而获得各种不同色调浓度的复印品。

静电复印机的曝光灯控制电路具有以下主要功能。

① 曝光灯开关控制。在该电路中,当灯调节器电源的输出功率为0,因为没有电源供给相位控制电路,弧形电路关闭,因此,曝光灯也关闭;当灯调节器开关电路的输出为 1,可提供电源给相位控制电路,弧形电路工作,曝光灯点亮。

② 曝光灯亮检测电路,用于曝光灯调节器电路板上电路的自诊断。曝光灯点亮,曝光灯亮检测电路工作,当微处理器和灯调节器因为故障超过一定时间时,曝光灯异常亮灯检测电路工作,主电源开关关闭。

③ 曝光灯光量控制。该电路即使在电源电压波动的情况下,也能保持曝光灯亮度不变;同时能够根据手动曝光量的设定,或在自动曝光控制方式下根据原稿浓度来自动控制

曝光灯的亮度。

(2) 原稿浓度检测电路

静电复印机的原稿浓度检测电路用于检测原稿浓度，检测出的数据输入微处理器，经处理后根据不同浓度自动控制显影偏压中直流成分的高低，以获得理想的复印品。

(3) 原稿幅面自动检测

静电复印机的原稿幅面检测传感器只有在选择了自动选纸方式(APS)时，自动原稿检测才起作用。

在自动选纸方式时，扫描器扫描原稿一次以计算原稿尺寸，曝光灯的光束经原稿反射后被原稿长度检测传感器、原稿浓度检测传感器和原稿宽度检测传感器接收，光学 CPU 和主 CPU 进行数据处理，以选择适当的纸张尺寸。

而原稿宽度数据则是由宽度传感器来检测获得，光学 CPU 只在长度检测小于 220 mm 时监视此信号，若长度大于 220 mm，只能依据长度传感器的数据来决定尺寸。

(4) 稿台玻璃温度检测控制

静电复印机的稿台玻璃温度检测控制的作用是当稿台玻璃热敏电阻检测到稿台玻璃温度大于额定值时，通过稿台玻璃温度控制电路输出一个信号至主控制电路板。主控制电路板启动光学系统冷却风扇工作，直至稿台玻璃冷却。

2.2 光学成像系统的工作原理

【概述】

本节主要讲解 CCD 图像传感器的工作原理和结构，结合 CCD 讲解图像读取和处理系统以及激光曝光系统的工作过程，通过本节的学习，学员能够掌握复印机的激光成像系统的工作过程。

【学习目标】

了解 CCD 的工作原理和结构

掌握图像读取和处理系统的工作过程

掌握激光曝光系统的工作过程

【本节重点】

图像读取和处理系统的工作过程

激光曝光系统的工作过程

【本节难点】

图像读取和处理系统的工作过程

激光曝光系统的工作过程

2.2.1 CCD 图像传感器

CCD(Charge Coupled Device)全称为电荷耦合器件，是 20 世纪 70 年代发展起来的新型半导体器件。它是在MOS集成电路技术基础上发展起来的，为半导体技术应用开拓了新的领域。它具有光电转换、信息存储和传输等功能，具有集成度高、功耗小、结构简单、寿命长、性能稳定等优点，故在固体图像传感器、信息存储和处理等方面得到了广泛的应用。CCD图像传感器能实现信息的获取、转换和视觉功能的扩展，能给出直观、真实、多层次的内容丰富的可视图像信息，被广泛应用于军事、天文、医疗、广播、电视、传真通信以及工业检测和自动控制系统。实验室用的数码相机、光学多道分析器等仪器，都用了CCD作图像探测元件。

一个完整的CCD器件由光敏单元、转移栅、移位寄存器及一些辅助输入、输出电路组成。CCD工作时，在设定的积分时间内由光敏单元对光信号进行取样，将光的强弱转换为各光敏单元的电荷多少。取样结束后各光敏单元电荷由转移栅转移到移位寄存器的相应单元中。移位寄存器在驱动时钟的作用下，将信号电荷顺次转移到输出端。将输出信号接到示波器、图像显示器或其他信号存储、处理设备中，就可对信号再现或进行存储处理。由于CCD光敏单元可做得很小(约10 μm)，所以它的图像分辨率很高。

1. CCD的MOS结构及存储电荷原理

CCD的基本单元是MOS电容器，这种电容器能存储电荷，其结构如图2-1所示。以P型硅为例，在P型硅衬底上通过氧化在表面形成SiO_2层，然后在SiO_2上淀积一层金属为栅极，P型硅里的多数载流子是带正电荷的空穴，少数载流子是带负电荷的电子，当金属电极上施加正电压时，其电场能够透过SiO_2绝缘层对这些载流子进行排斥或吸引。于是带正电的空穴被排斥到远离电极处，剩下的带负电的少数载流子在紧靠SiO_2层形成负电荷层(耗尽层)，电子一旦进入由于电场作用就不能复出，故又称为电子势阱。

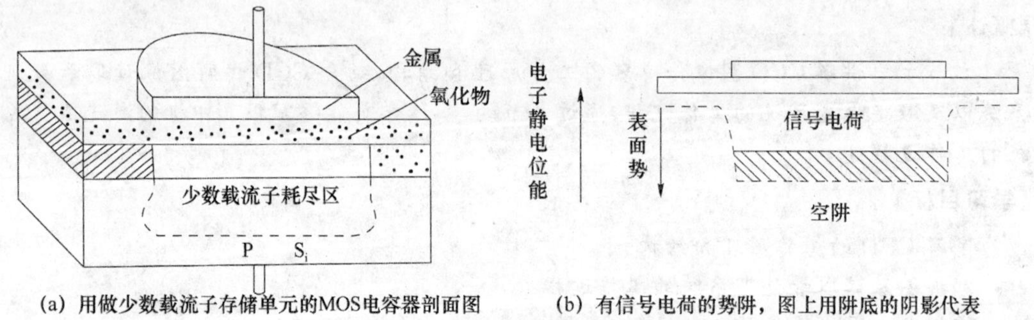

(a) 用做少数载流子存储单元的MOS电容器剖面图　(b) 有信号电荷的势阱，图上用阱底的阴影代表

图2-1　CCD结构和工作原理图

当器件受到光照时(光可从各电极的缝隙间经过SiO_2层射入，或经衬底的薄P型硅射入)，光子的能量被半导体吸收，产生电子-空穴对，这时出现的电子被吸引存储在势阱中，这些电子是可以传导的。光越强，势阱中收集的电子越多，光弱则反之，这样就把光的强弱变成电荷的数量，实现了光与电的转换，而势阱中收集的电子处于存储状态，即使停止光照，一定时间内也不会损失，这就实现了对光照的记忆。

总之，上述结构实质上是个微小的MOS电容，用它构成像素，既可“感光”又可留下“潜影”，感光作用是靠光强产生的电子电荷积累，潜影是各个像素留在各个电容里的电荷不等而形成的，若能设法把各个电容里的电荷依次传送到输出端，再组成行和帧并经过“显影”就实现了图像的传递。

2. 电荷的转移与传输

CCD的移位寄存器是一列排列紧密的MOS电容器，它的表面由不透光的铝层覆盖，以实现光屏蔽。由上面讨论可知，MOS电容器上的电压愈高，产生的势阱愈深，当外加电压一定，势阱深度随阱中的电荷量增加而线性减小。利用这一特性，通过控制相邻MOS电容器栅极电压高低来调节势阱深浅。制造时将MOS电容紧密排列，使相邻的MOS电容势阱相互“沟通”。因为相邻MOS电容两电极之间的间隙足够小（目前工艺可做到0.2 μm），在信号电荷自感电动势的库仑力推动下，就可使信号电荷由浅处流向深处，实现信号电荷转移。

为了保证信号电荷按确定路线转移，通常MOS电容阵列栅极上所加电压脉冲为严格满足相位要求的二相、三相或四相系统的时钟脉冲。下面分别介绍三相和二相CCD结构及工作原理。

(1) 三相CCD传输原理

简单的三相CCD结构如图2-2所示。每一级也叫一个像元，有3个相邻电极，每隔两个电极的所有电极（如1、4、7…，2、5、8…，3、6、9…）都接在一起，由3个相位相差120°的时钟脉冲φ_1、φ_2、φ_3来驱动，故称三相CCD。图2-2(a)为断面图，图2-2(b)为俯视图，图2-2(d)给出了三相时钟之间的变化。在时刻t_1，第一相时钟φ_1处于高电压，φ_2、φ_3处于低压。这时第一组电极（1、4、7…）下面形成深势阱，在这些势阱中可以储存信号电荷形成“电荷包”，如图2-2(c)所示。在t_2时刻φ_1电压线性减少，φ_2为高电压，在第一组电极下的势阱变浅，而第二组（2、5、8…）电极下形成深势阱，信息电荷从第一组电极下面向第二组转移，直到t_3时刻，φ_2为高压，φ_1、φ_3为低压，信息电荷全部转移到第二组电极下面，重复上述类似过程，信息电荷可从φ_2转移到φ_3，然后从φ_3转移到φ_1电极下的势阱中，当三相时钟电压循环一个时钟周期时，电荷包向右转移一级（一个像元），依次类推，信号电荷一直由电极1、2、3…N向右移，直到输出。

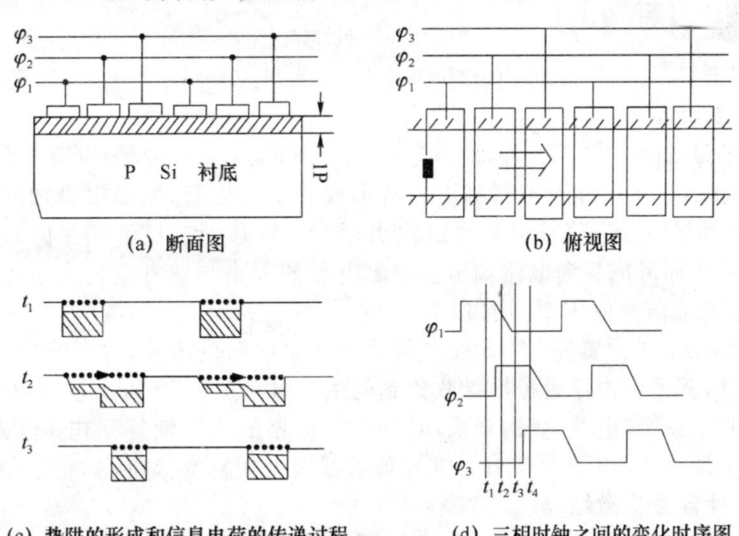

(a) 断面图　(b) 俯视图

(c) 势阱的形成和信息电荷的传递过程　(d) 三相时钟之间的变化时序图

图2-2 三相CCD传输原理图

(2) 二相CCD传输原理

CCD中的电荷定向转移是靠势阱的非对称性实现的。在三相CCD中是靠时钟脉冲的时序控制，来形成非对称势阱。但采用不对称的电极结构也可以引进不对称势阱，从而变成二相驱动的CCD。目前实用CCD中多采用二相结构。实现二相驱动的方案有以下两种。

① 阶梯氧化层电极

阶梯氧化层电极结构如图2-3所示。由图可知，此结构中将一个电极分成两部分，其左边部分电极下的氧化层比右边的厚，则在同一电压下，左边电极下的位阱浅，自动起到了阻挡信号倒流的作用。

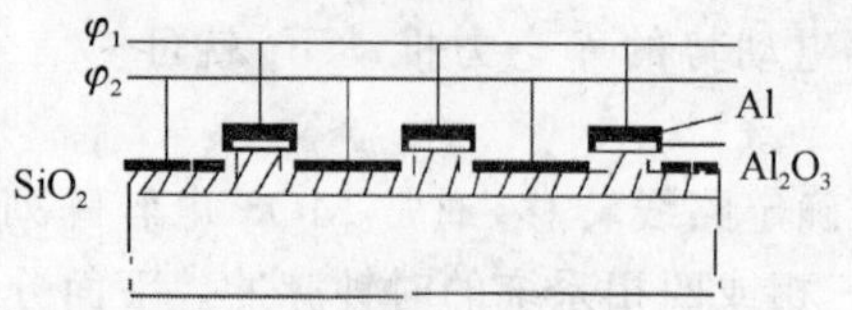

图2-3 采用阶梯氧化层电极形成的二相结构

② 设置势垒注入区

对于给定的栅压，位阱深度是掺杂浓度的函数。掺杂浓度高，则位阱浅。采用离子注入技术使转移电极前沿下衬底浓度高于别处，则该处位阱就较浅，任何电荷包都将只向位阱的后沿方向移动。如图2-4所示。

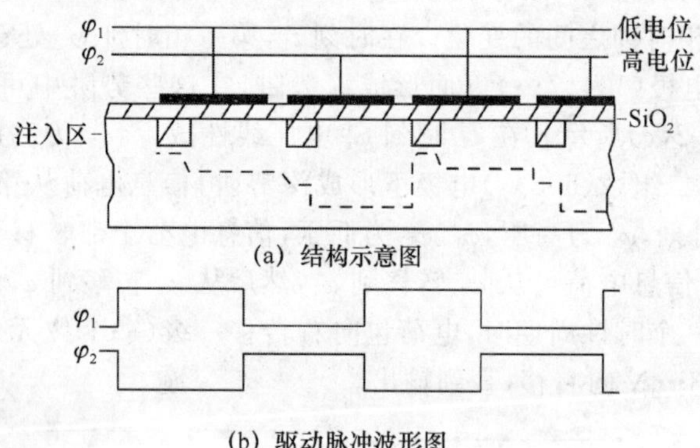

图2-4 采用势垒注入区形成二相结构

3. 电荷读出方法

CCD的信号电荷读出方法有两种，即输出二极管电流法和浮置栅MOS放大器电压法。

图2-5(a)是在线列阵末端衬底上扩散形成输出二极管，当二极管加反向偏置时，在PN结区产生耗尽层。当信号电荷通过输出栅OG转移到二极管耗尽区时，将作为二极管的少数载流子而形成反向电流输出。输出电流的大小与信息电荷大小成正比，并通过负载电阻 R_L 变为信号电压 U_0 输出。

图2-5(b)是一种浮置栅MOS放大器读取信息电荷的方法。MOS放大器实际是一个源极跟随器，其栅极由浮置扩散结收集到的信号电荷控制，所以源极输出随信号电荷变化。为了接收下一个"电荷包"的到来，必须将浮置栅的电压恢复到初始状态，故在MOS输出管栅极上加一个MOS复位管。在复位管栅极上加复位脉冲 φ_R，使复位管开启，将信号电荷抽走，使浮置扩散结复位。

图2-5(c)为输出级原理电路，由于采用硅栅工艺制作浮置栅输出管，可使栅极等效电容 C 很小。如果电荷包的电荷为 Q，A点等效电容为 C，输出电压为 U_0，A点的电位变化 $\Delta U=-\dfrac{Q}{C}$，因而可以得到比较大的输出信号，起到放大器的作用，称为浮置

栅 MOS 放大器电压法。

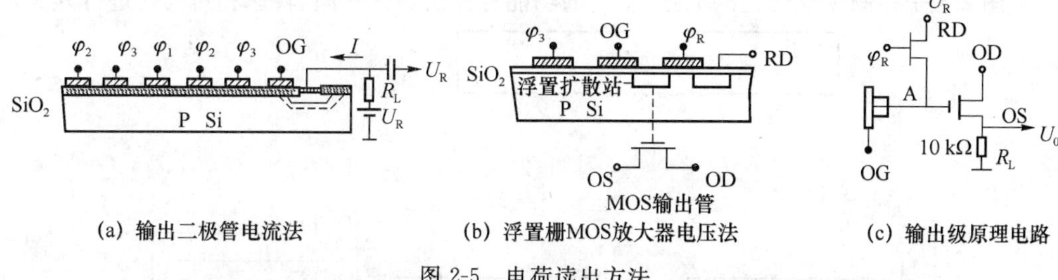

(a) 输出二极管电流法　(b) 浮置栅MOS放大器电压法　(c) 输出级原理电路

图 2-5　电荷读出方法

2.2.2　图像读取和处理系统

图像读取和处理系统主要是对原稿曝光、扫描，通过反射传感器对原稿的模式进行检测，还能够对原稿进行扫描缩放。下面分别介绍图像读取和处理系统的具体部件和主要功能。

1. 图像读取驱动系统

(1) 图像读取系统的组成

读取驱动系统主要包括读取马达、驱动皮带、车架、导轨和驱动轮，如图 2-6 所示。从图像处理板发出的驱动信号送到读取马达通过原稿检测，读取马达控制板上的驱动电路，然后马达驱动着驱动轮驱动皮带带动移动灯架前进或者后退。

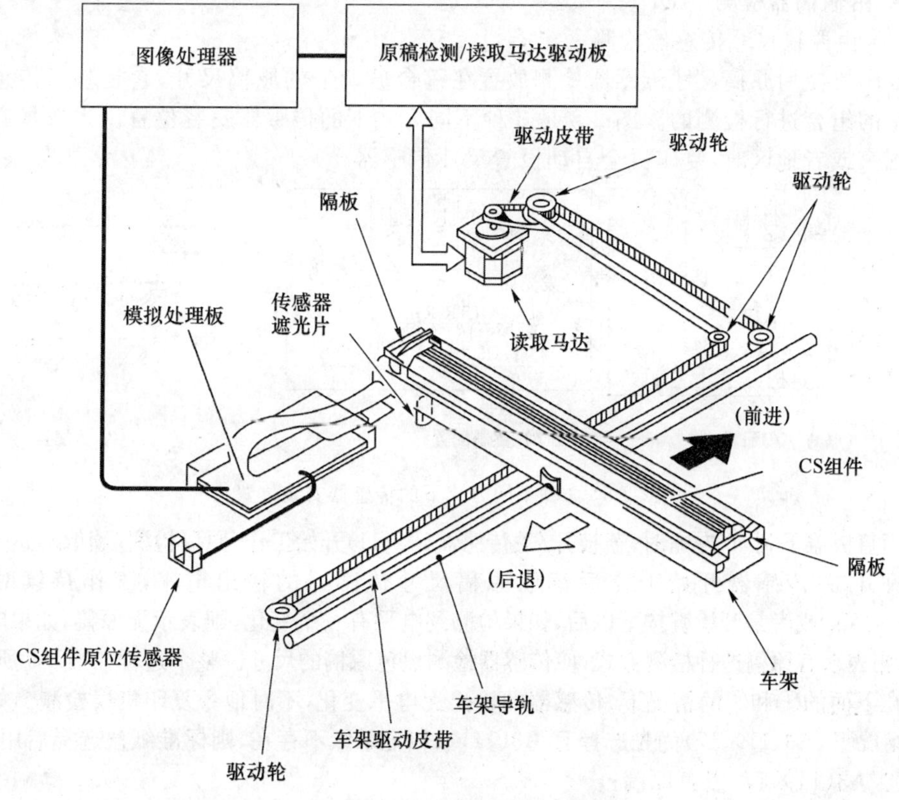

图 2-6　图像读取系统的组成

(2) 控制读取马达

图 2-7 是控制读取马达的电路，主要的功能有控制马达转向、转速和对马达进行开关。

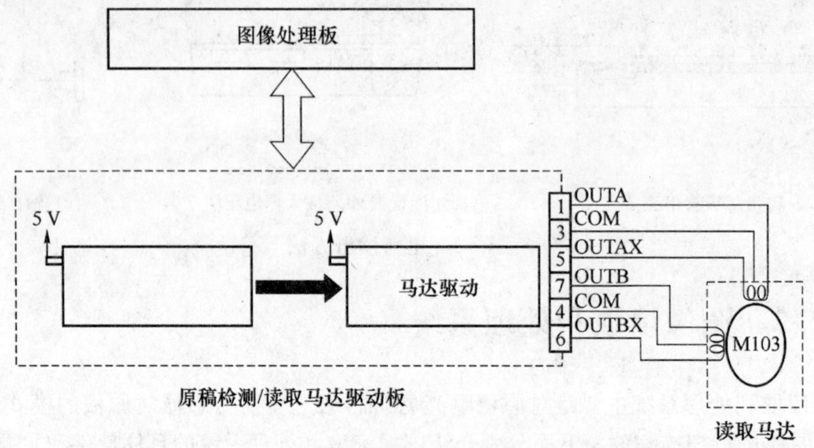

图 2-7 读取马达控制电路

2. 检测原稿尺寸

复印机一般采用下面两种方式对原稿尺寸进行检测，而且采用自动记录纸和自动缩放的结果。

- 由原稿尺寸传感器检测；
- 由输稿器检测(ADF)。

(1) 由原稿尺寸传感器检测

复印机使用原稿尺寸传感器检测放置在稿台玻璃上的原稿尺寸，它是基于传感器输出电平的组合进行检测的。图 2-8 是 3 种不同方式下的传感器安装位置。当选择安装在某个国家或者地区时，复印机会自动设置尺寸传感器。

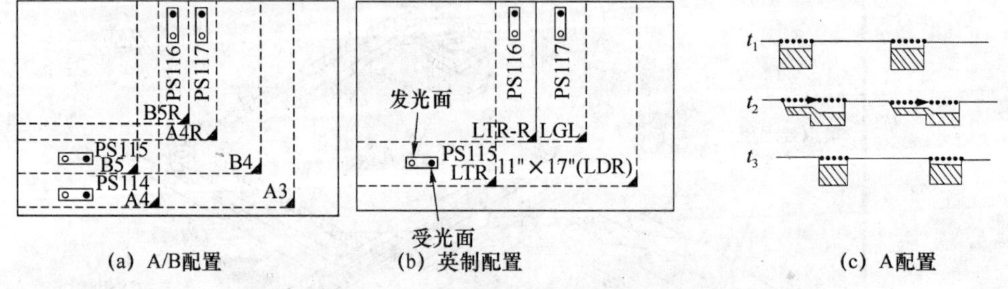

(a) A/B配置 (b) 英制配置 (c) A配置

图 2-8 3 种不同方式下的传感器安装位置

当盖板盖下到 30°左右时，盖板开/关传感器(PS111)开始工作，原稿检测/读取马达驱动板在盖板开/关传感器开始工作后读取原稿尺寸传感器的输出电平，工作持续时间是 0.125～15 s，或者是开始键按下以后，如果检测到电平有一个变化，则表示无原稿，如果电平无变化，则表示有原稿这种检测方式，使传感器检测黑色原稿的尺寸。整个过程如图 2-9 所示。

在下面的①和②的情况下，传感器的输出无电平变化，不时地令复印机误检测。如果是③的情况下，A3(11×17)优先选择且 A3(11×17)记录纸不存在，则标准纸盒选择启用。

① A3(11×17)黑色原稿；

② 书本原稿(原稿厚度使盖板不能完全盖上，使检测传感器电平无变化)；

③ 稿台盖板未关闭。

(2) 由 ADF 检测

在原稿托盘上,ADF 使用两个长度传感器和两个宽度传感器来检测原稿尺寸,一般的复印机检测的纸张系列包括 A、B 和英制 3 种。

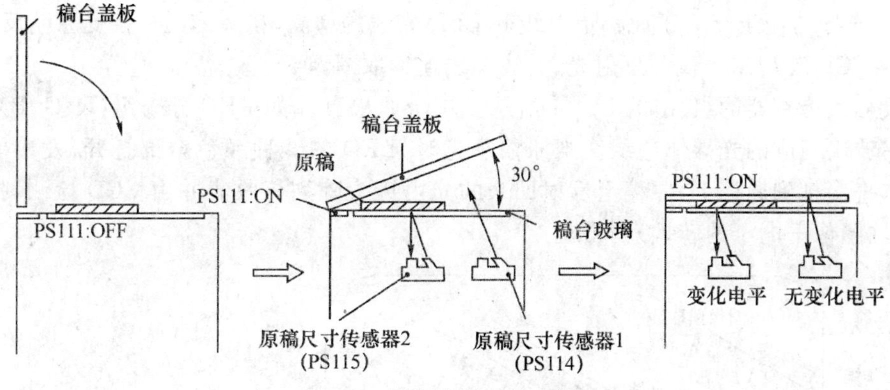

图 2-9 原稿检测过程示意图

3. 图像处理

图像的处理过程是由接触式传感器读取图像数据(模拟信号),然后被模拟处理板转换成数字信号。图像信号由模拟处理板和图像处理板进行处理和修正。如图 2-10 所示。

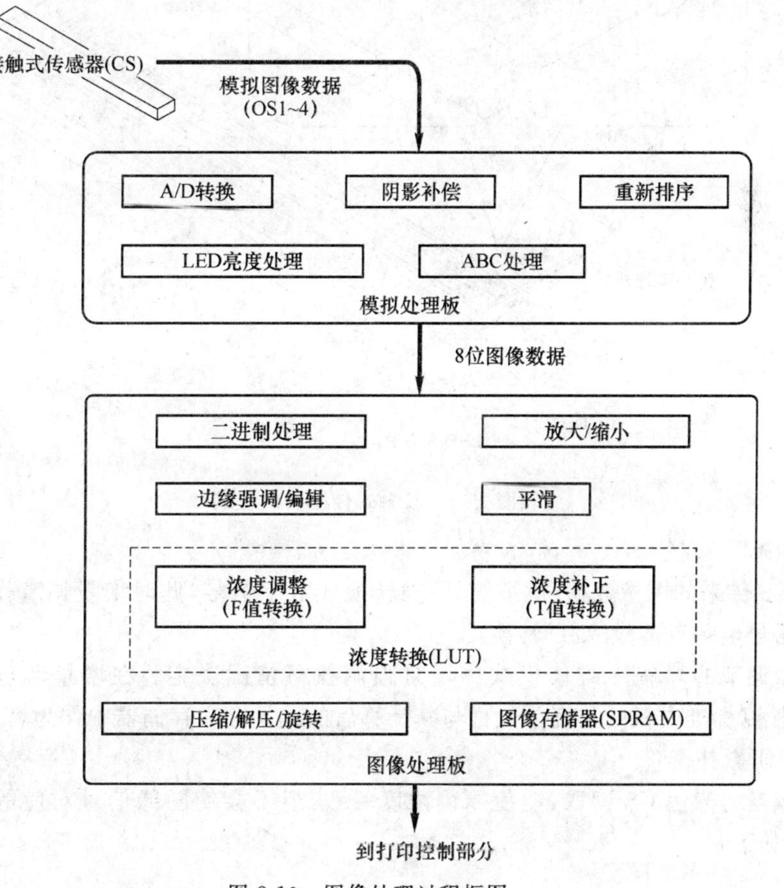

图 2-10 图像处理过程框图

(1) 接触式传感器(CS)

复印机使用一个接触式传感器进行原稿曝光和原稿读取。CS 是一个单根的模块，按线读取图像包括以下部分：

- 2 组 LED(R、G、B)；
- 光导体用于交叉于原稿上单线的 LED 光线的增亮，镜头阵列杆接受原稿反射光；
- CCD 阵列用于检测反射光，一线一线地读取图像。

接触式传感器的组成如图 2-11 所示。用于原稿曝光的 LED 分 3 组(R、G、B)，安装于透明玻璃制成的光导体边缘。当原稿曝光时，LED 的 3 种颜色全部打开，发出的光由光导体直接打到原稿上，原稿上反射回来的光由镜头阵列杆收集并由 CCD 检测，把光变成信号(图像—电子的转换)输出。

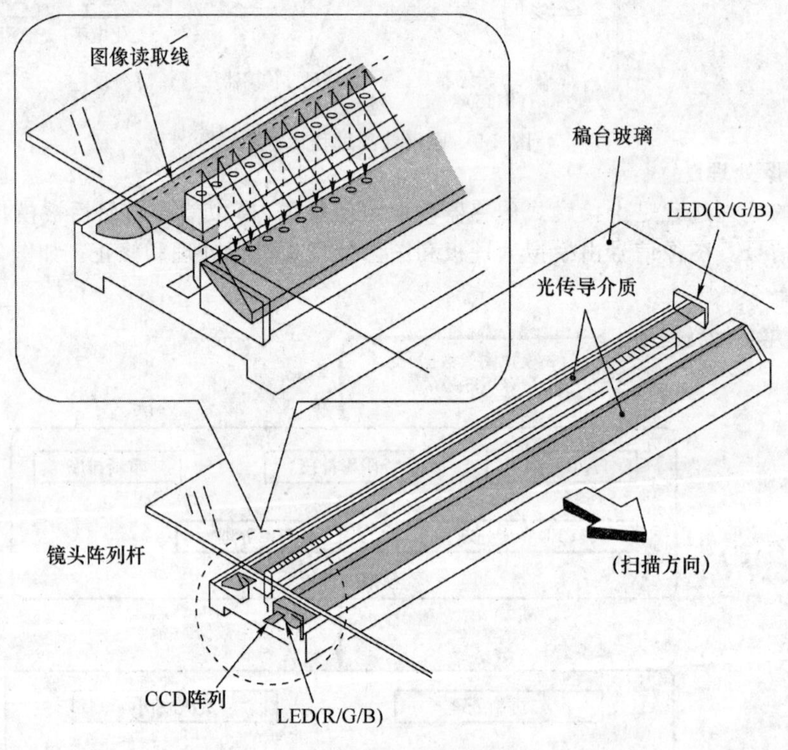

图 2-11　接触式传感器的组成

(2) A/D 转换

从 CS 传来的图像数据(模拟信号)被转换成数字信号，此时增量调节作业执行来增加输入信号电平以适应 A/D 转换。

增量调节的增幅由维修模式中增量强调执行情况决定。在增量调节中，CS 点亮 LED 来检测标准白板的浓度。数据与其计算后的结果存入存储器中作为增量调节值。

(3) 阴影补偿

原稿反射光由 CS 读取，能使原稿浓度一致，但不会使图像信号对应的像素完全一致，原因如下：

• LED 与 LED 间的强度不一致；

• 镜头阵列杆所读取的强度不一样。

因此，阴影补偿就是用来更正以上两种因素所引起的差异，它可以采取黑阴影修正和白阴影修正两种模式。

① 黑阴影修正

CS 在 LED 灭的时候读取信号，进行 A/D 转换（黑调节）把结果存入寄存器。当图像被读取时，黑调节值从 CS 每个像素读取的值中减去，这样就做到黑阴影修正的目的。

② 白阴影修正

LED 光直接打在标准白板上，CS 输入信号被读取，进行 A/D 转换（白调节）把结果存入寄存器中。做完黑调节后的图像数据接着与白调节值计算，依次进行全部像素白阴影调节，结果使 LED 强度和镜头阵列杆强度的差异被修正使图像浓度水平相等。

(4) 重新排序

从 CS 来的输入信号是由 4 个系统同时读取的数据组成的，这样就不同于原稿图像的信号顺序，因此需要重新排序。重新排序的过程如图 2-12 所示。

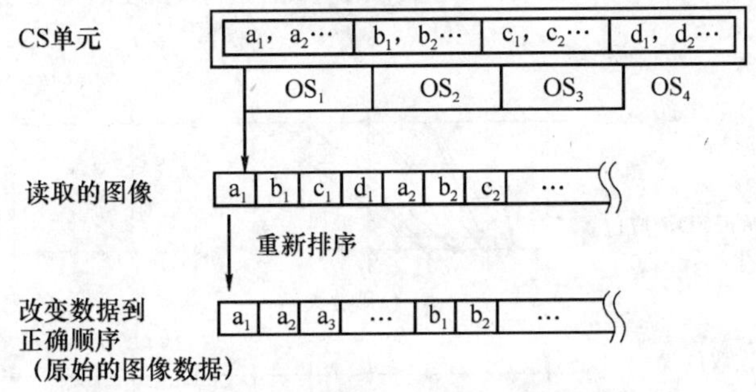

图 2-12 重新排序过程示意图

(5) ABC 处理

ABC 即自动化背景控制。ABC 功能是当原稿有一个深的背景在不复制背景的同时又能表现出原稿的文字和图像。当浓度调节设置到“自动”时激活，经 A/D 转换的数字图像信号受动态变化影响以适应原稿不同颜色的背景，从而使复印机识别原稿的颜色为“白”。

如图 2-13 所示，白色背景原稿缩减成像，彩色背景的原稿利用 B 的动态值来除去背景的彩色。

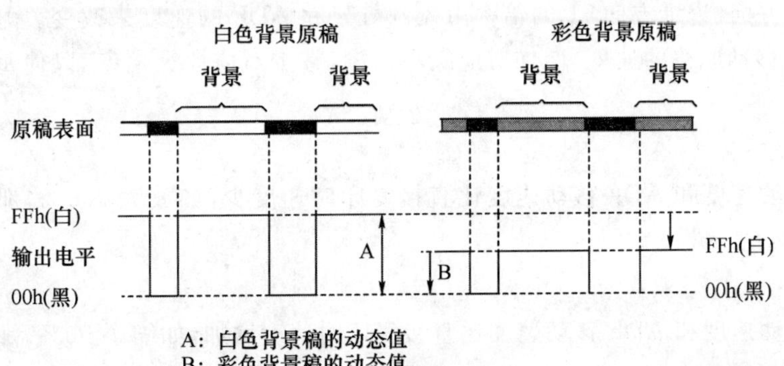

图 2-13 ABC 处理过程示意图

(6) LED亮度处理

为使CS单元读取的图像数据总是最适宜的，在读取每一线的时候，LED点亮时间都要受到控制。

LED调节中，LED光线在预扫描时直接射在标准白板上，这样收集的光线被评测是否在一特定的范围内，如果不在这个范围内，则LED点亮时间缩减，反之则增加。

(7) 放大/缩小

复印机一般可以有50%～200%的放大/缩小，且以1%为增量。

① 主扫描方向上的放大/缩小

主扫描方向上(鼓轴方向)的倍率变化有在书本模式和ADF模式两种，原稿按100%读取，收集到的数据再经过图像处理板的处理来适应所选择的复制倍率。

CS内部的CCD是固定的，所以每个像素的读取生成图像数据也是固定的，要变更复制倍率，也就需要每个像素的位置必须改变。然而由于CCD不是每个特定的点都有，所以复印机要靠计算来生成所选倍率的图像信号，即原稿图像数据在以特定的像素前后的2个点来参与计算，结果体现在放大/缩小特定的倍率。整个过程如图2-14所示。

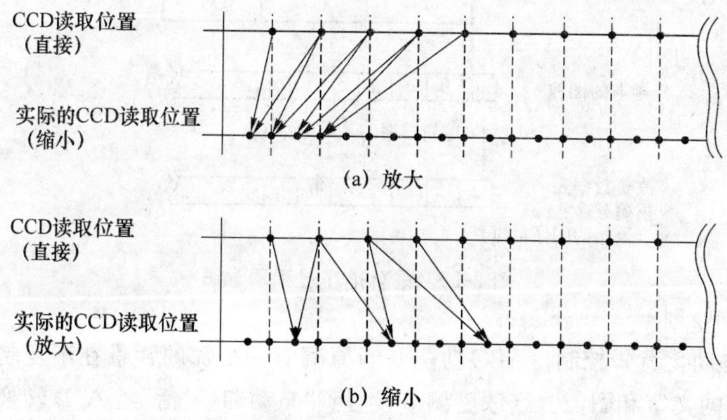

图2-14　主扫描方向上的放大/缩小过程示意图

② 副扫描方向上改变复制倍率

副扫描方向(进纸方向)上的倍率由控制灯架和ADF的速度来改变。灯架移动的速度(或ADF移动原稿的速度)增加对应缩小倍率，减少对应放大倍率，以使每个像素的扫描线数改变。

• 放大

灯架移动速度和ADF移动速度比直接复印时速度少，如放大200%，那么移动的速度就是100%的一半。

• 缩小

灯架移动速度和ADF移动速度比直接复印时速度增加，如缩小50%，那么移动速度就是100%的1倍。

(8) 边缘强调

边缘强调防止图像轮廓模糊或者变形，通过改变浓度输出很好的图像和在测试模式中忠于原稿字符的复制。

(9) 二进制处理

复印机使用一种错误扩散方法来转换 8 位(256 灰度)图像数据到 1 位(二进制)图像数据。

错误扩散就是要把 8 位(256 灰度)图像数据转换成 1 位(二进制)图像数据的过程，具体地说就是复印机找到一个特定的图像信号电平，无论是高过还是低过一个开端电平，然后 8 位数据图像(0～255)转换为 1 位图像数据(0,1)，信号和开端电平一起传输，此时从开端电平来的信号差就被“扩散”到接近的信号(像素)来表达灰度(暗、浅)。

(10) 图像存储控制

图像存储在以下几种情况下才使用，即压缩、扩展、旋转、放大和缩小。其他的时候不会用到图像存储。现在的复印机使用的存储体大部分是 SDRAM。

2.2.3 曝光系统

1. 倍率的改变

鼓轴方向的倍率改变是通过镜头驱动系统来实现的，而鼓周长方向的倍率改变则通过光学驱动系统完成。

镜头驱动系统即使用变焦镜头，如图 2-15 所示。当镜头的位置和焦距改变时，鼓轴方向的倍率改变。

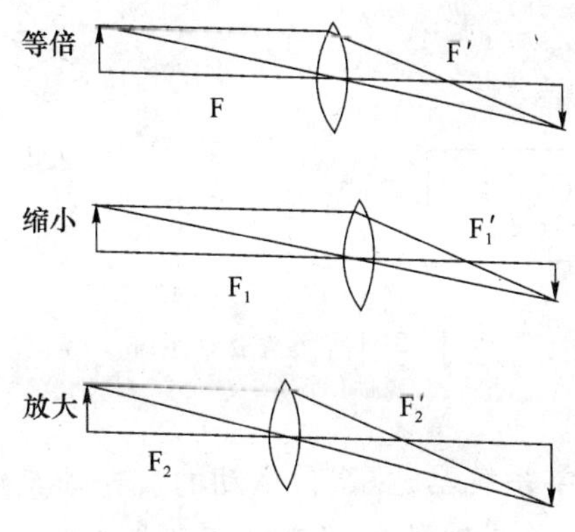

图 2-15 倍率改变示意图

光学驱动系统是通过在缩小复印时使第一反光镜的移动速度相对于鼓圆周旋转线速度快一些，或在放大复印时相对慢一些来实现圆周方向倍率改变的。对等倍复印，第一反光镜的速度与鼓圆周线速度相同。

2. 镜头驱动部

镜头驱动系统是由光学系统马达(M2)驱动的。通常，光学系统马达的驱动是经过中继齿轮传送到光学系统的。镜头移动时,镜头电磁铁(SL2)"ON",中继齿轮与镜头齿轮啮合。在这种状态下,光学系统马达沿箭头方向旋转,经中继齿轮、镜头齿轮和镜头拉线使镜头向放大方向移动。

而在缩小复印时,空曝光遮光板也将按镜头移动量的要求而动作,以消除缩小倍率复印时带来的里侧黑带,如图 2-16 所示。

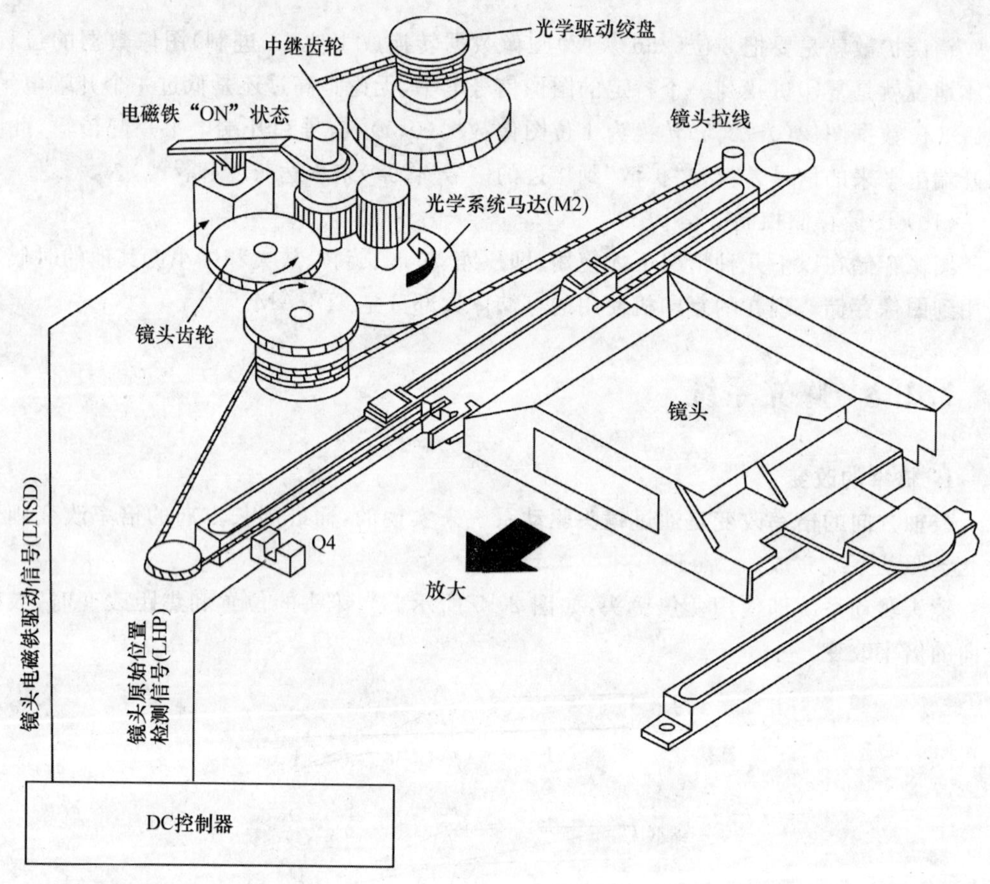

图 2-16　镜头驱动系统

3. 光学驱动系统

光学驱动系统是由光学系统马达(M2)驱动的。光学系统马达当光学系统前进时和后退时的旋转方向不同,前进时的旋转速度还要根据复印倍率的要求而连续改变。但是,后退时的旋转速度与复印倍率无关,均以一定的速度(等倍复印前进时的 2～5 倍)进行。光学系统的移动距离也要根据复印纸的长度而改变。另外光学系统马达不仅驱动光学驱动系统,而且还驱动镜头驱动系统,如图 2-17 所示。

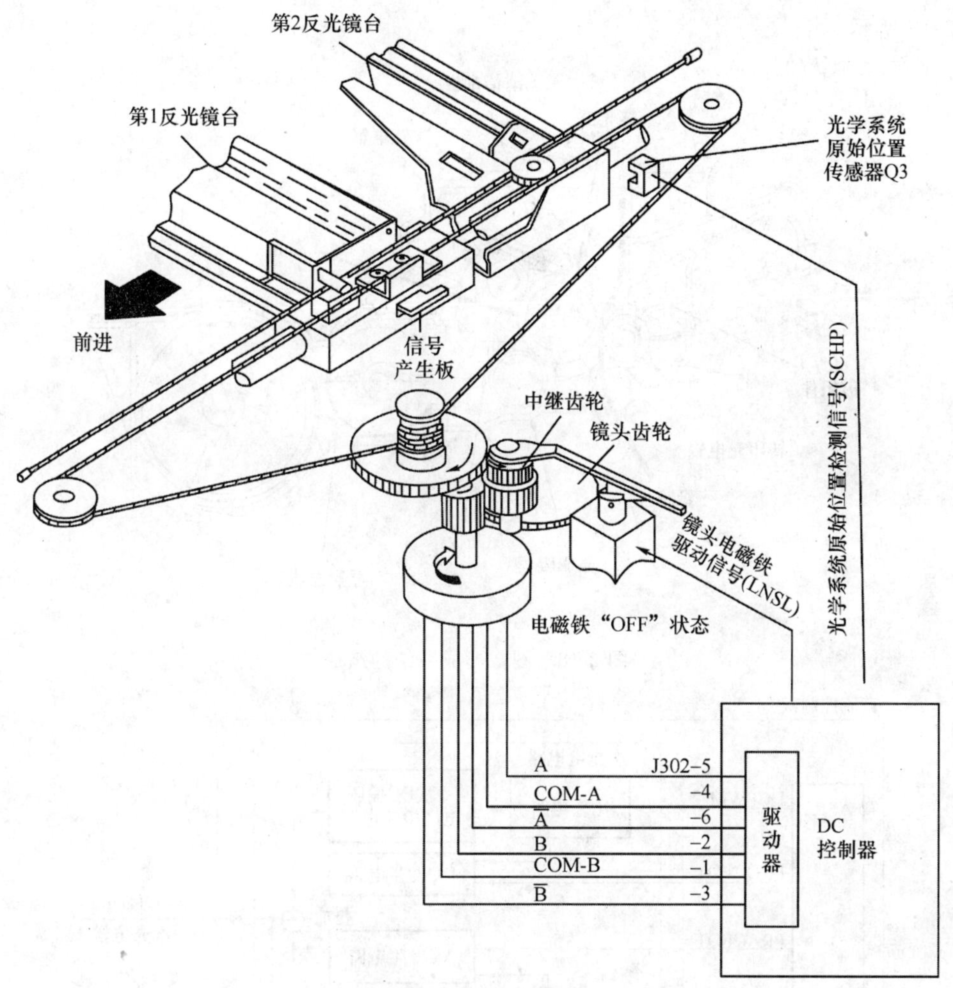

图 2-17 光学驱动系统

2.2.4 成像单元

1. 成像单元的组成

成像单元主要是在感光鼓和纸分离以后形成静电潜影。感光鼓充电使电荷分布到其表面形成静电潜影然后清洁感光鼓表面墨粉的过程就是成像单元的工作过程。成像单元的组成如图 2-18 所示。主要包括感光鼓、墨粉盒、显影辊和清洁刮板等部件;主要的控制动作有主充电、辊偏压控制、显影偏压、转印充电等。

2. 控制一次充电辊偏压

提供直流(DC)偏压的同时复印机使用一次充电辊充电且提供交流(AC)偏压以稳定充电辊的充电形式,这就是主充电方式(即直接充电)。整个电路的控制项目有开关偏压、执行固定 DC 偏压电压控制和执行固定 AC 偏压电流控制,控制一次充电辊偏压电路如

图 2-19 所示。

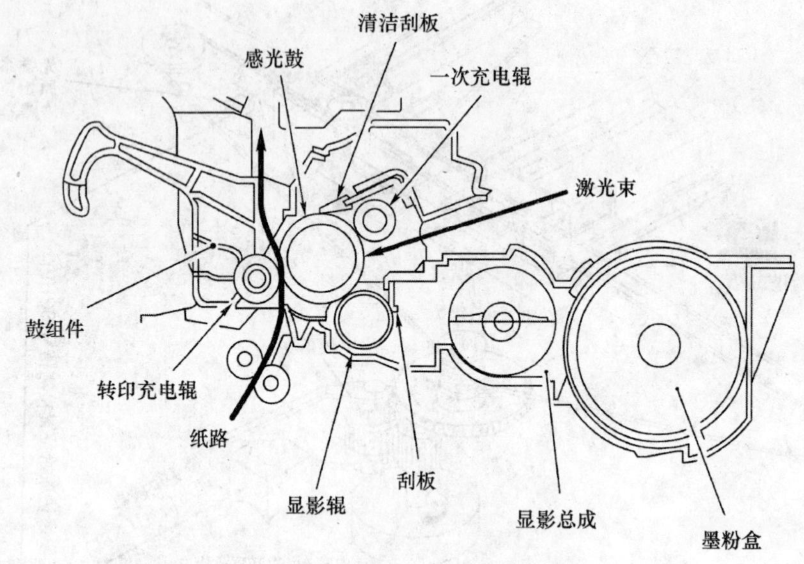

图 2-18 图像形成系统的组成

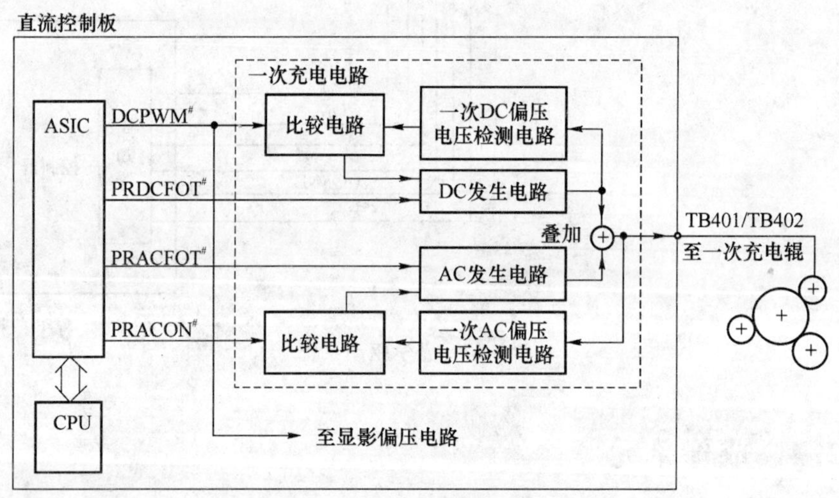

图 2-19 一次充电辊偏压控制电路框图

(1) 开启和关闭一次充电辊偏压

由图 2-30 可知，DC 和 AC 偏压是叠加加载到一次充电辊上的，下面就来分析 DC 和 AC 加载的具体控制方法。

① DC 偏压加载控制方法

当主 DC 驱动信号(PRDCFOT)开启时 DC 偏压生成，DC 偏压由 DC 偏压输出电平信号(DCPWM)控制。

② AC 偏压加载控制方法

当主 AC 偏压驱动信号(PRACFOT)开启时和主偏压开/关信号(PRACON)为低电

平“0”时加载 AC 偏压到一次充电辊上。

(2) 偏压固定电压和固定电流控制

DC 和 AC 偏压加载在一次充电辊上的输出电平值是由 DC 偏压固定电压值和 AC 偏压固定电流值来分别控制。

DC 偏压输出电平值由电压检测电路来检测，经过比较电路再反馈到 DC 生成电路。DC 控制板上的 ASIC 改变 DC 偏压输出电平信号的脉冲幅度以保证 DC 偏压电压值保持在特定的电平上。

AC 偏压输出电流值由 AC 偏压电流电路来检测，并通过比较电路反馈到 AC 生成电路改变主 AC 偏压开/关的电流值以保持 AC 偏压的电流值在一个特定的值上。

3. 控制显影偏压

一个 DC 偏压加载到显影辊上，显影偏压控制系统主要有以下功能：

- 开关偏压；
- 控制显影 DC 偏压在一个固定电压值上；
- 控制显影 AC 偏压在一个固定电压值上。

控制显影偏压电路如图 2-20 所示。

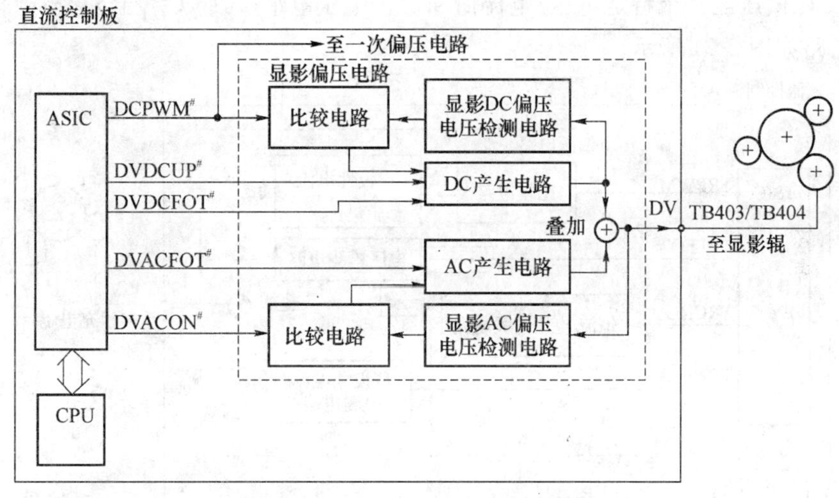

图 2-20　控制显影偏压电路框图

(1) 开启和关闭偏压

① DC 偏压

当显影 DC 偏压驱动信号(DVDCFOT)打开时，生成 DC 偏压。DC 偏压输出电平由 DC 偏压输出电平信号(DCPWM)来控制。

② AC 偏压

当主 AC 偏压驱动信号(DVACFOT)打开和显影 AC 偏压开/关信号(DVACON)为低电平“0”时，生成 AC 偏压。

为了防止复印机内飞墨粉，AC 偏压也在有图像区域打开以及在无图像区域关闭。

(2) 控制偏压至连续电压电平

加载到显影辊上的 DC 偏压输出电平有如下两种控制方式。

① 控制显影 DC 偏压至固定电压电平

DC 偏压的输出电压值由显影 DC 偏压电压检测电路检测，并由此比较电路反馈到 DC 偏压产生电路。DC 控制板上的 ASIC 改变显影 DC 偏压的输出电平信号以保持 DC 偏压在一个特定的值上。

② 控制显影 AC 偏压至固定电压电平

AC 偏压的输出电压值由显影 AC 偏压电压检测电路检测并由此反馈给比较电路和 AC 产生电路。DC 控制板上的 ASIC 改变显影 AC 偏压开/关信号电流值从而保证 AC 偏压在一个特定值上。

(3) 控制显影 DC 偏压的电压电平

显影 DC 偏压的电压值由改变显影 DC 偏压输出电平信号(DCPWM)的脉冲值以适应不同的打印浓度设定。

4. 控制转印充电辊偏压

复印机用直接充电方式提供给转印充电辊一个 DC 偏压。主要的控制内容有开关偏压、控制 DC 偏压至一个特定电压/电流值和修正电压电平(ATVC 控制)。控制转印充电辊偏压电路如图 2-21 所示。

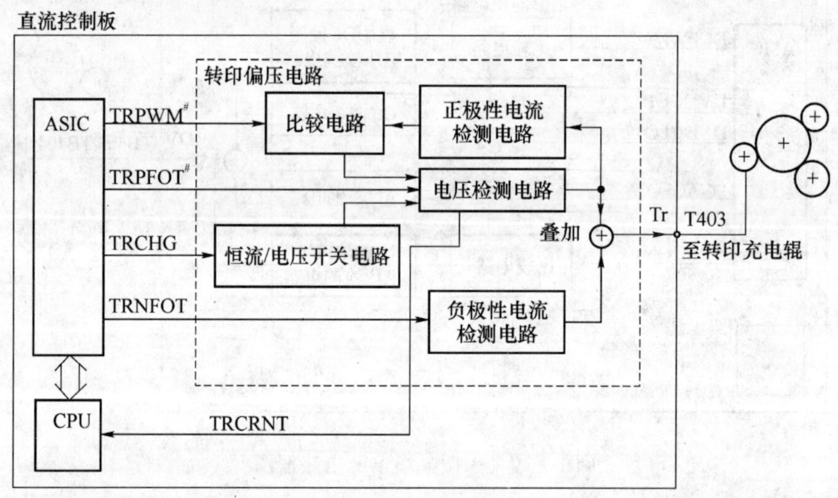

图 2-21 控制转印充电辊偏压电路框图

(1) 开启和关闭偏压

加载到转印充电辊上的 DC 偏压可以是正也可以是负，两种偏压开关在下面详细描述。

① 开启/关闭正 DC 偏压

当转印正 DC 偏压驱动信号(TRPFOT)开启且固定电流/电压转换信号(TRCHG)为“1”时，产生正 DC 偏压。

DC 偏压的输出电平由转印 DC 偏压输出电平信号(TRPWM)控制，正 DC 偏压用于图像转印。

② 开启/关闭负 DC 偏压

当转印负 DC 偏压驱动信号(TRNFOT)开启时,负 DC 偏压产生。负 DC 偏压用于清洁转印充电辊。

(2) 控制偏压至固定电流/电压

电平加载到转印充电辊上的 DC 偏压输出电平由以下两种方式控制。

① 控制 DC 偏压至固定电流

因为零件和环境不同会产生转印充电辊的内部阻抗,当正 DC 偏压驱动信号(TRP-FOT)开启且固定电流/电压转换信号(TRCHG)为"0"时(预旋转过程中),产生特定的电流,CPU 检测转印充电辊的电压电平检测信号(TRCRNT)来找出内部抗性的改变,然后根据检测结果更正 DC 偏压。

② 控制 DC 偏压至固定电压电平

DC 偏压输出电平由显影 DC 偏压检测电路来检测,并由比较电路反馈到 DC 生成电路。DC 控制板 ASIC 调整 DC 偏压输出信号的范围,从而保证 DC 偏压保持在一个固定电平上。

(3) 修正电压电平(ATVC 控制)

为修正因环境变化或转印充电辊偏差而引起的变化,加载转印偏压在初始旋转和纸张之间自动控制。

(4) 根据操作模式控制输出

转印充电输出有以下 3 种模式,每种模式有不同的输出电平。

① 图像转印的偏压

把感光鼓上的墨粉图像转印到纸上的偏压是正电压。

② 清洁电压

把墨粉从转印辊转印到感光鼓上的偏压,是预选转和最后转动加载的负电压。

③ 纸张之间的偏压

低电平偏压用于防止在连续打印时墨粉沾在转印充电辊上无图像区域(纸张之间)。

5. 检查墨粉盒和墨粉的有无

一般会有一个墨粉水平传感器安装在显影总成上面。复印机使用墨粉水平传感器的输出(Ant)和不同的 A/D 转换检测电路中的显影偏压(Dv)输出电平来检测墨粉盒和墨粉状态。

CPU 检测墨粉盒检测信号(TNRCNKD)和墨粉检测信号(TNRCNKT)间的不同,在 A/D 转换后加载显影偏压,以此来判断墨粉盒的有无和墨粉余量。

具体检测电路如图 2-22 所示。

6. 监测废墨盒

废墨粉由感光鼓里的清洁刮板收集,保存在废墨盒总成里。废墨盒总成里的废墨由主马达驱动的搅拌杆不停搅动。搅拌杆末端是一个转矩限制器,当废墨满了,搅拌杆不能转动时打开,结果墨粉传感器(PS120)被拨动,让复印机知道废墨粉满了。废墨粉监测过程如图 2-23 所示。

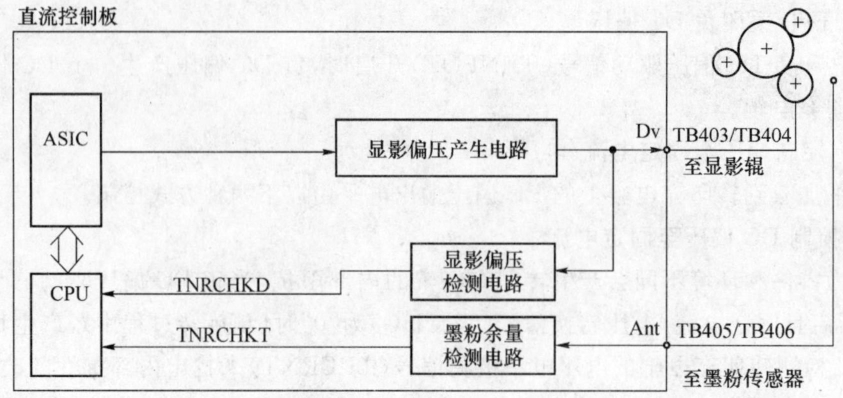

图 2-22 墨粉盒有无和墨粉余量检测电路框图

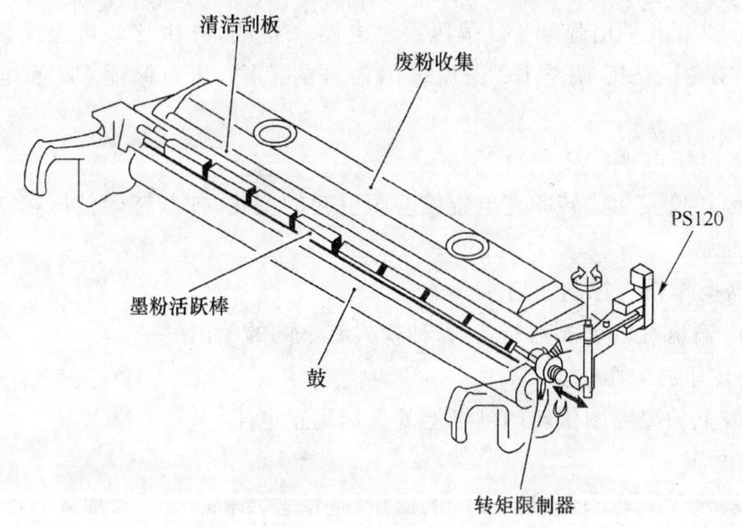

图 2-23 废墨粉检测过程示意图

2.2.5 故障案例

光学系统的故障主要是光学系统脏或者是成像单元故障，首先主要介绍一下通用的复印机光学系统故障的检测维修方法，然后介绍实际的故障案例。

1. 复印品底灰

故障现象：复印品有底灰。

故障分析：光学部件受污染、曝光灯管老化或电压过低。

检测流程：当出现底灰故障，并确定为光学系统时，一般首先要打开上盖板，看光学部件是否受灰尘的污染，如果是，就要及时清除，故障即可解决；如果不是，就要进入维修模式后要看曝光灯管的电压值是否正常，如果不正常，需要调整，如果电压值显示正常，则说明曝光灯管老化，需要更换，

在更换灯管时需要注意的是灯管本身固定在扫描灯架上，灯架的方向与鼓的轴心方

向是平行的，在拆卸或安装灯架的过程中不要使灯架变形，如果变形将会引起图像歪斜的故障现象。

2. 成像单元故障

成像单元以鼓为核心，其中包括充电过程、曝光过程、显影过程、转印过程，以及鼓的清洁过程。

故障现象：复印品图像浅。

故障分析：当出现图像浅时首先要排除显影剂缺少的问题，在模拟复印机上图像浅需要检查的有两个部位，一个是充电部件，另一个是转印部件。

检测过程：如果想要确定是哪个部位出了问题，可以借鉴复印机的工作原理，在机器复印途中停机，打开机器前盖，取出感光鼓，看鼓上的图像是否与复印品上的图像存在差异，如鼓上的图像与复印品上的图像深浅程度一致，说明是充电部位出了问题，如果鼓上的图像正常，说明转印部位存在异常。如果同样的问题出现在数码复印机上，需要检查的也是两个部位，一个是镭射器内部的光学组件，另一个是转印组件，其检测方法与模拟复印机相同。

如果是模拟复印机，当确定是充电或转印某一个部位出问题时，首先要检查电极丝是否受污染，如果是电极丝表面受污染，需要用脱脂棉蘸少量酒精来进行清洁。清洁时，拿着酒精棉来回擦拭就可以，切忌用力过大，以免引起电极丝绷断。

如果不是模拟复印机，则要检查电极丝与感光鼓的距离是否符合技术参数(不同的复印机参数标准不一样)。

以上两种情况都排除后，需要调整代码或更换电极丝来确定故障，在更换电极丝时需要注意的是电极丝的松紧度要调整适当，过松、过紧都会引起不同的复印效果。

如果是数码机，在检查镭射器时要注意内部元件的位置一定不要去人为地改变，因为所有部件的位置都是根据机器相应的技术参数来调整的。在清除镭射器内部污染时不要让工具划伤内部光学部件。

数码机上的转印装置采用的是转印胶辊，一般情况下是由于胶辊受污染或表层有氧化物导致转印效率降低而引起的复印品图像浅。如果确认是由于受污染引起的，则用脱脂棉蘸清水把污染物清除即可。

注意事项：在清洁完后，一定要晾干后再把转印胶辊装在机器上，不然会引起漏电。

3. 故障实例

(1) 故障一

故障现象：松下 7713/7813 复印机，复印件左右两端有较宽的黑带，放大缩小时会有变化。

故障分析：光学系统脏或曝光灯罩遮光调节片松动。

检测过程：清洁光学系统及调节遮光片。

(2) 故障二

故障现象：理光 3813/4615/4015 复印机，复印件底灰太重。

故障分析：光学系统太脏。

检测过程：清洁光学系统。

(3) 故障三

故障现象:理光 200 数码复印机,打印正常,复印无图像。

故障分析:扫描部分故障。

检测过程:数据线脱落,重新装上。

(4) 故障四

故障现象:松下 7718/7722/7735 复印机,开机预热后现 E102 倍率调整错误。

故障分析:第四、第五反光镜脱位或调整错误。

检测过程:重新安装,调整第四、第五反光镜。

(5) 故障五

故障现象:理光 1022 数码复印机,复印件有黑线。

故障分析:光学部分脏。

检测过程:清洁光学部分,放大和缩小复印后黑条消失。

(6) 故障六

故障现象:理光 1015/1018 数码复印机,图像淡或半边浓半边淡。

故障分析:激光单元六棱镜脏。

检测过程:清洁六棱镜。

(7) 故障七

故障现象:理光 1015/1018 数码复印机,开机出现 SC194 维修呼叫,白板检测出错。复印时无法复位,复印第二张稿纸时会复印第一张的复印件。

故障分析:光学系统脏。

检测过程:清洁光学部分。

(8) 故障八

故障现象:施乐 2520 型复印机复印时复印件图像中出现白斑。

故障分析:检查复印件,发现白斑内有图像,只是图像较简单,且白斑与图像的边界不是很明显。根据上述现象,分析故障的原因主要有:

① 光源滤色镜脏污;

② 感光鼓受潮;

③ 充电电压不均匀;

④ 转印电压不正常;

⑤ 显影磁辊离感光鼓过近。

检测过程:打开复印机前门,检查感光鼓良好,显影磁辊与感光鼓之间的距离适宜。开机按下复印键,测充电、转印电压正常。进一步对光路系统进行检查,发现光源滤色镜已脏污。用擦净纸将光源滤色镜擦净后试机,故障排除。

第3章 复印机的机械传动系统

☞概　述

本章讲解复印机的机械传动系统的组成以及各部分的工作原理；通过本章的学习，学员能够掌握复印机机械传动系统的组成和各部分的工作原理，并能检测和维修复印机的机械传动系统故障。

☞学习目标

- 掌握复印机传动系统的组成
- 掌握搓纸/搬送纸系统的工作原理
- 了解感光鼓的基本结构和工作原理
- 掌握显影和定影系统的工作过程

☞本章重点

- 搓纸/搬送纸系统的工作原理
- 显影和定影系统的工作过程

☞本章难点

- 感光鼓的基本结构和工作原理
- 搓纸/搬送纸系统的工作原理
- 显影和定影系统的工作过程

3.1　机械传动系统的组成

【概述】

本节讲解机械传动系统的组成，通过本节的讲解，学员能够认识和了解机械传动系统的组成和简单的工作原理。

【学习目标】

掌握复印机的机械传动系统的组成

【本节重点】

复印机的机械传动系统的组成

【本节难点】

复印机的机械传动系统的组成

光学成像系统将原稿成像到感光鼓上，剩下的操作就是控制电路控制机械结构进行纸张的拾起、输入、显影、定影等操作。

1. 感光鼓及成像系统

成像系统是将光学成像系统在感光鼓表面成像的光学图像转化为电位潜像；再将感光鼓上的墨粉图像转印到复印纸上；然后将复印纸从感光鼓上顺利剥离下来完成原稿到复印品的过程。

2. 显影系统

加粉马达将墨粉盒内的墨粉通过墨粉输送螺旋杆送入显影器内，然后墨粉搅拌器将墨粉进行充分搅拌使墨粉带上电荷后吸附在显影磁辊上，磁辊上墨粉的厚度由磁辊刮片控制。最后通过感光鼓表面的电荷将磁辊表面的墨粉吸附到感光鼓上形成感光鼓墨粉图像。

3. 送纸系统

送纸系统是将复印纸送入机内，为下一步将鼓表面的墨粉图像转印到纸上做准备。

4. 清洁系统

清洁刮片将感光鼓表面的残留墨粉刮下来，然后通过回收辊、废粉传动螺旋杆将废粉收集到废粉盒。因为所有复印机都不可能通过转印将感光鼓表面的墨粉完全转印到复印纸上。所以，鼓表面均有残留墨粉，不进行清洁，则影响以后复印品质量。

5. 定影系统

通过加热灯管将热辊加热到一定的温度，此温度值由热敏电阻控制。然后利用热辊和压力辊之间的压力将复印纸上的墨粉熔化后固定在复印纸上。

6. 传动系统

主马达驱动感光鼓、输纸机构、清洁器、定影器、显影器和送纸机构（一些机型由独立马达驱动）；镜头马达控制镜头按不同的比例前后移动，保证复印品效果；灯架马达驱动灯架的前进和后退，同时也要保证灯架的移动与感光鼓的转动同步；送纸马达驱动搓纸轮将纸送入机内；显影马达驱动显影器的转动，将墨粉同步输送到磁辊上。

7. 输纸系统

复印纸被搓纸轮送入复印机到定影后出复印机完成，除了送纸、转印、定影过程外，需要其他的辅助过程，而输纸系统就是复印纸在复印机内正常传输必不可少的部分。

主要的机械传动系统组成如图 3-1 所示。各部分的结构在下节中详细讲解。

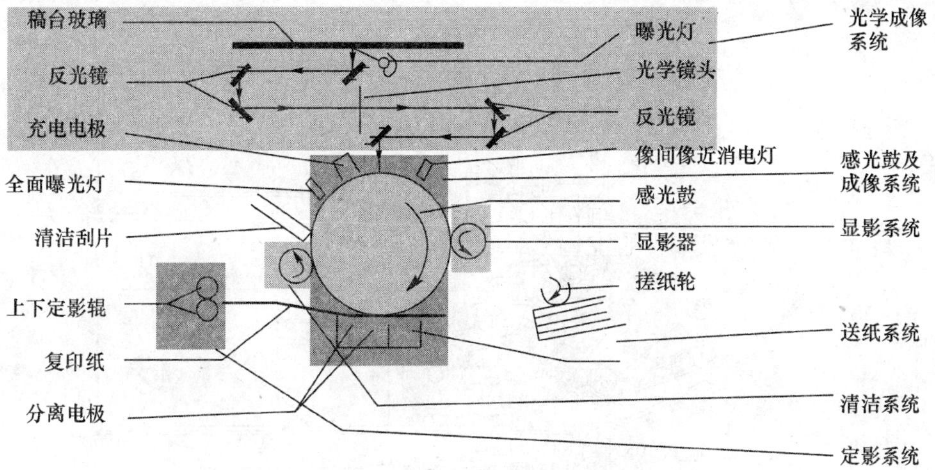

图 3-1 机械传动系统组成

3.2 机械传动系统的工作过程

【概述】

本节主要讲解复印机的机械传动系统的主要部分成像单元、搓纸/搬送纸系统、感光鼓、定影和显影的工作过程，通过本节的学习，学员能够掌握机械传动系统的主要部分的工作过程，并能检测和维修复印机机械传动系统的故障。

【学习目标】

掌握复印机的成像系统的工作过程

掌握复印机搓纸/搬送纸系统的工作过程

了解感光鼓的基本结构和工作原理

掌握显影和定影系统的工作原理

【本节重点】

复印机的成像系统的工作过程

复印机搓纸/搬送纸系统的工作过程

显影和定影系统的工作原理

【本节难点】

复印机的成像系统的工作过程

复印机搓纸/搬送纸系统的工作过程

显影和定影系统的工作原理

3.2.1 搓纸/输纸机构

搓纸/输纸机构主要有转印、分离、定影、输纸部分，最后是马达排纸托盘，具体的搓纸、分离和输纸机构组成如图 3-2 所示。

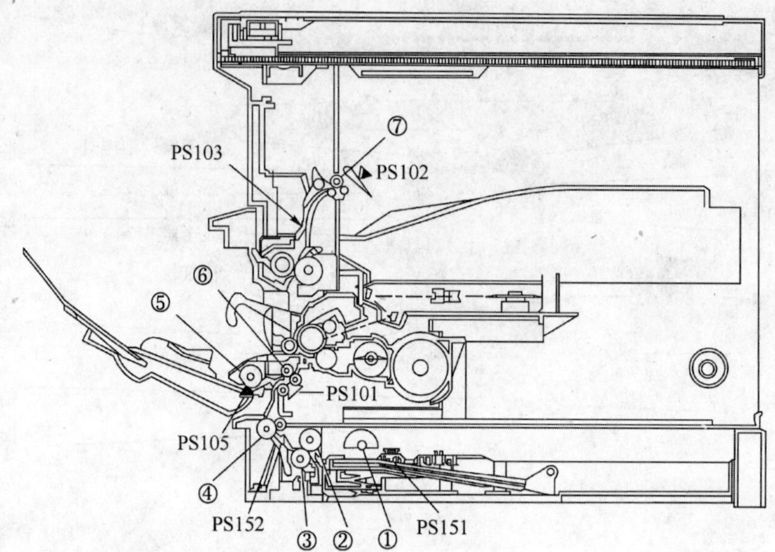

PS101—对位辊纸检测传感器　PS102—纸满检测传感器　PS103—排纸检测传感器
PS105—手送纸检测传感器　PS151—纸盒纸检测传感器　PS152—再搓纸检测传感器
① —搓纸辊　② —搬送辊　③ —分离辊　④ —垂直纸搬送辊　⑤ —手送搓纸辊　⑥ —对位辊　⑦ —排纸辊

图 3-2　搓纸/输纸系统组成

下面就分别介绍搓纸/输纸系统的主要工作过程。

1. 搓纸

搓纸机构的组成如图 3-3 所示。搓纸电磁铁和搓纸驱动齿轮把马达驱动力传给搓纸辊,使其旋转。

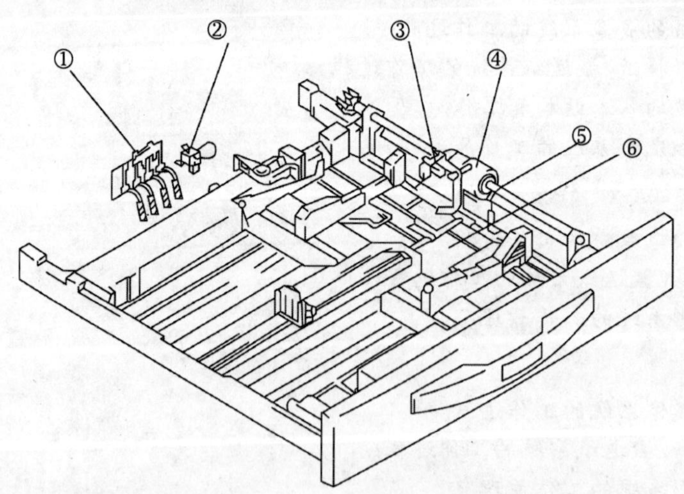

① —纸张尺寸检测板　② —纸张尺寸检测感应器　③ —缺纸感应器
④ —搓纸辊　⑤ —分离辊　⑥ —纸张提升板

图 3-3　搓纸机构组成

当马达旋转,搓纸传动齿轮开始响应,这时搓纸辊没有与搓纸传动齿轮咬合,因此搓纸辊没有得到相应的动力。当驱动电路产生信号驱动搓纸电磁铁,使搓纸电磁铁工作,驱动搓纸驱动齿轮,当驱动搓纸齿轮合搓纸辊之间咬合以后,搓纸驱动齿轮驱动搓纸辊工作,如图 3-4 所示。然后搬送辊工作,把纸张送入对位辊。

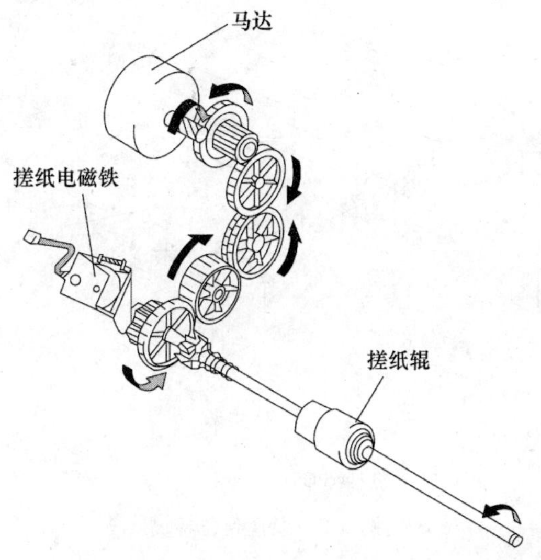

图 3-4　搓纸机构工作过程示意图

如果搓纸辊没有将纸张搓起,复印机执行在供纸工作,当搓纸电磁铁打开时,复印机开始计数。如果搓纸检测传感器没有在规定的时间内检测到纸张边缘,复印机再次使搓纸电磁铁打开,再次供纸。

执行第二次供纸以后,如果搓纸传感器在规定时间内没有检测到纸张边缘,则这时复印机判断为卡纸,并在操作面板的 LCD 上面显示卡纸错误信息。

搓纸过程中由于使用纸盒供纸,所以提供的是多张纸,但是每次搓纸只能是一张,因此就需要一个纸张分离机构对多张纸供纸的情况下对纸张进行分离。

纸张分离机构利用搓纸轮与分离辊之间的摩擦系数可有效地防止夹带输稿。当搓起一张纸时,搓起并送入搓纸轮与分离辊之间的纸张前侧的摩擦系数与纸张后侧的摩擦系数相同,使纸张得以正确地送入机器。搓起两张或更多纸张时,纸张与分离辊之间的摩擦系数大于纸张之间的摩擦系数,只能允许顶部纸张送入机器,如图 3-5 所示。

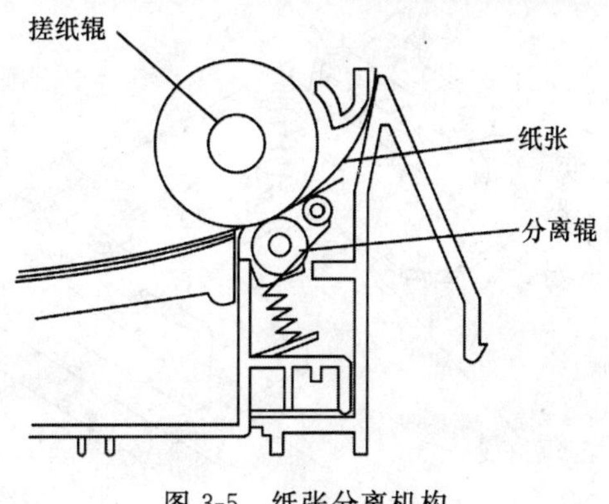

图 3-5　纸张分离机构

（1）纸盒到位检测

当纸盒滑入复印机时，遮光板挡住放置感应器。然后复印机就知道纸盒已滑到位。如图 3-6 所示。

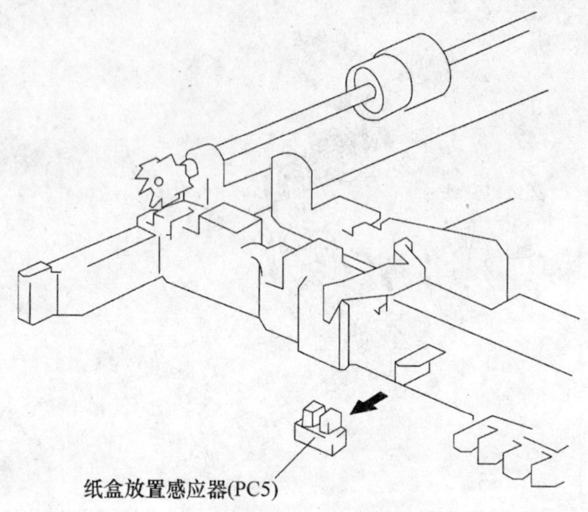

图 3-6　纸盒到位检测

（2）缺纸检测机构

缺纸感应器检测纸盒中缺纸的状态。如图 3-7 所示。

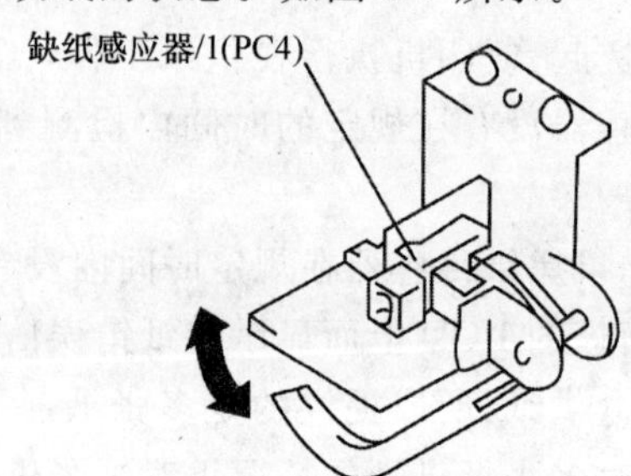

图 3-7　缺纸检测机构

（3）纸张提升板

纸张提升板被按下时，即被锁定。当纸盘插入该单元时锁定会松开。弹簧始终向上顶推纸张提升板。如图 3-8 所示。

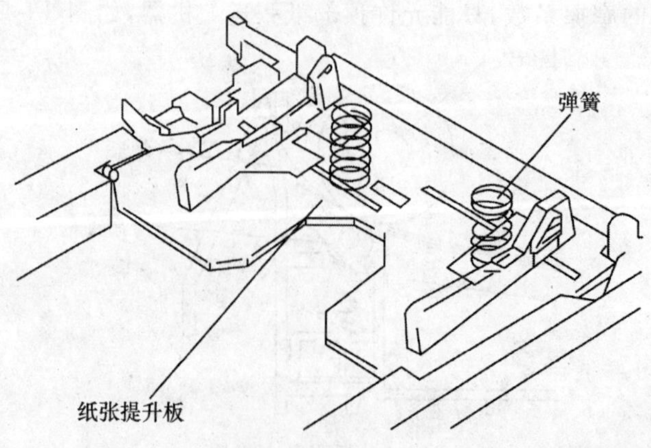

图 3-8　纸张提升板

(4) 通用纸盘纸张尺寸检测机构

纸张的宽度(横向)和长度(送纸方向)都会被检测,然后主机 CPU 根据这两个读数组合判断纸张的尺寸。不同的复印机检测方法不同。

2. 手送纸部分

手送搓纸动作是使堆放在手送部的纸被连续搓起。手送托盘内的纸被挡板阻挡,并被强制靠手送搓纸辊。当主马达驱动动力经过手送搓纸电磁铁和齿轮传送到手送搓纸辊,手送搓纸辊和分离片确认只让一张纸通过并送到对位辊。这样连续执行单张纸供纸动作。其中手送纸的纸尺寸检测由用户在操作面板上设定。如图 3-9 所示。

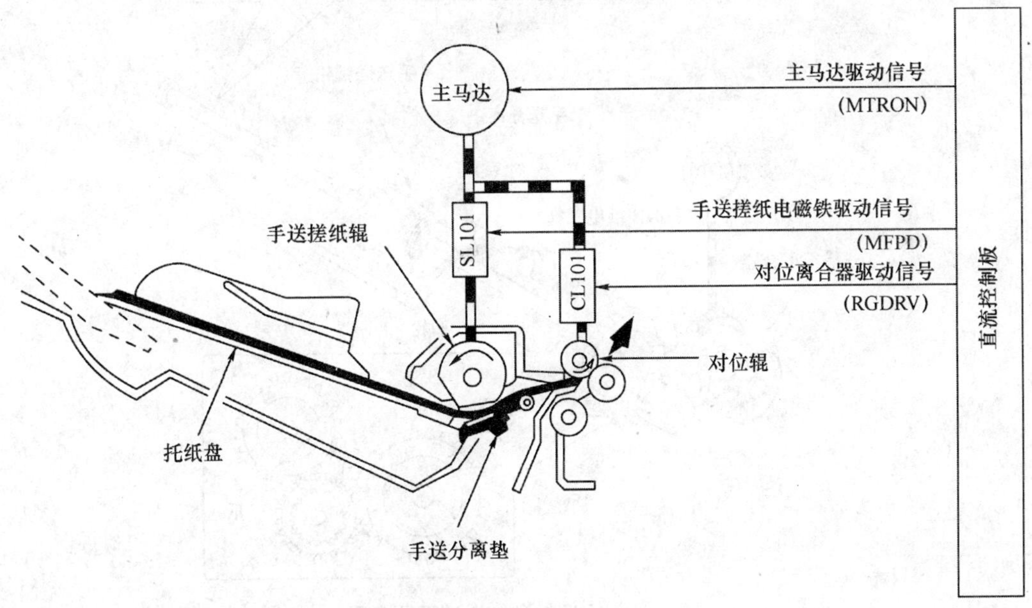

图 3-9 手送纸部分组成

(1) 挡板的板动

在标准状态下,挡板被安装在手送搓纸辊轴前后端,凸轮压在底部。当手送搓纸辊旋转,凸轮也开始旋转,使挡板提升,从而使手送部的纸与搓纸轮相接触。分离片安装在手送搓纸辊对面,这样就分离出一张纸,并送到复印机内部。

(2) 手送搓纸驱动机构

手送搓纸辊的旋转由主马达带动。纸张被搓起的时间由控制电路发出的手送搓纸电磁铁信号控制。主马达开始旋转,它的动力被送到搓纸传动齿轮。当控制电路产生手送纸电磁铁驱动信号,使手送搓纸电磁铁打开,从而使手送搓纸辊旋转。

从手送托盘供纸的过程如图 3-10 所示。

当手送搓纸辊没有将纸张搓起,复印机再次执行搓纸动作一次。当手送搓纸电磁铁打开时,复印机开始计数。如对位辊没有在规定的时间内检测到纸,将再次执行一次动作。如果在第二次搓纸后在规定时间内对位辊依然没有检测到纸,复印机再次执行搓纸操作一次。如果第三次对位辊依然没有检测到纸,则这时复印机判断为卡纸,并在操作面板的 LCD 上面显示卡纸错误信息。

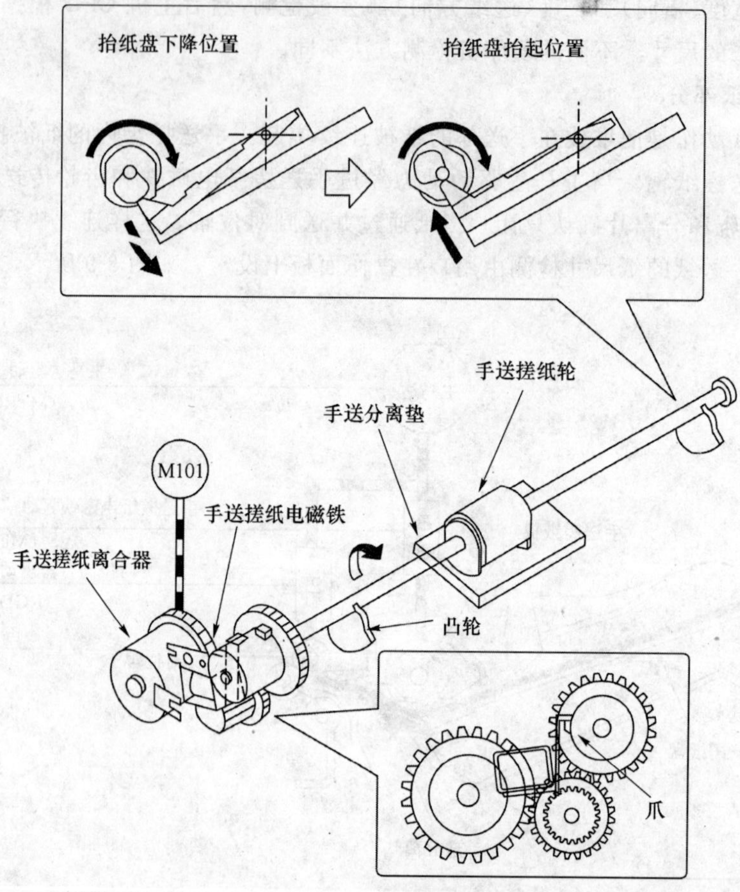

图 3-10　手送托盘供纸过程示意图

3. 排纸

马达经过齿轮为排纸辊提供动力，然后将纸排出，如图 3-11 所示。

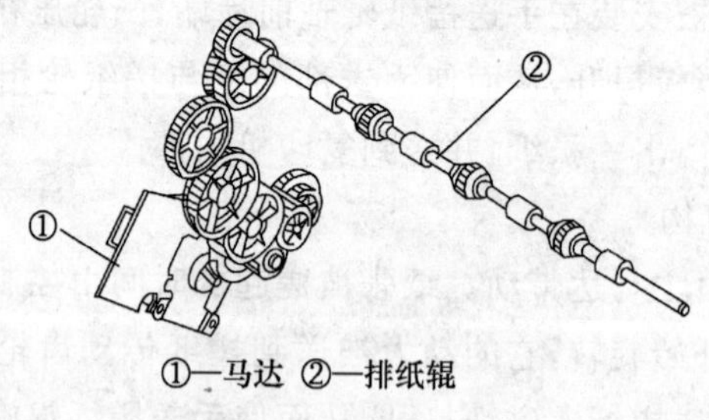

①—马达　②—排纸辊

图 3-11　排纸辊结构

4. 同步辊部分

同步辊确保纸张在曝光部分曝光时及时从传送部分送出。同步辊部分组成如图3-12所示。各部分功能如下。

(1) 同步辊和传送辊用来传送显影部分的纸张。

(2) 纸屑去除器防止纸屑粘在感光鼓表面。

(3) 同步辊感应器则是判断正在传送的纸张状态,以此检测卡纸故障和纸张传送时机。

(4) 同步辊离合器用来控制同步辊的传动。

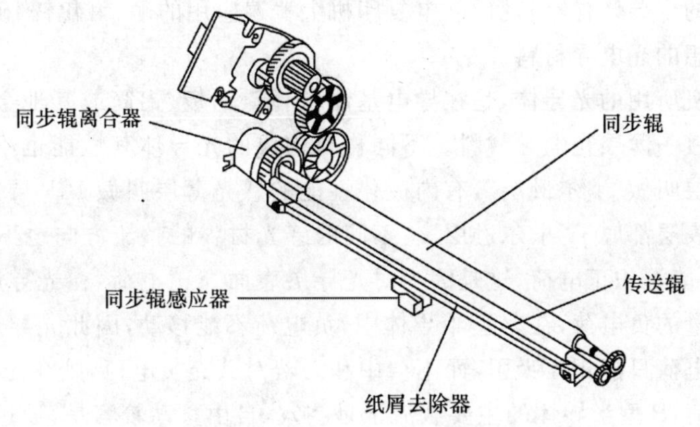

图 3-12　同步辊部分组成

主马达传动通过齿轮组传递到同步辊离合器使纸张同步然后输入复印机内部。具体过程如图 3-13 所示。

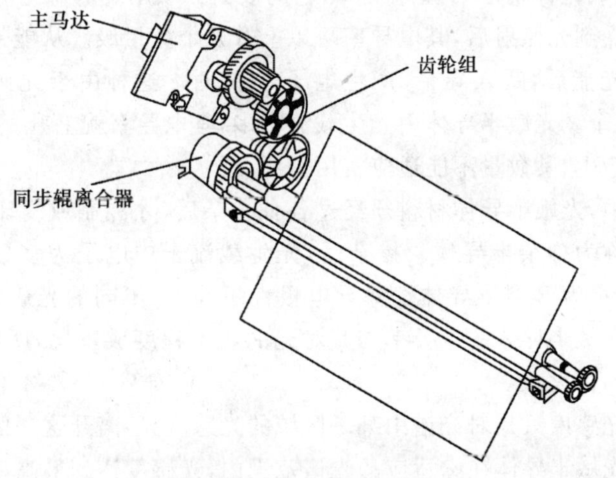

图 3-13　同步辊部分工作过程示意图

3.2.2　感光鼓

感光鼓是静电复印机中的关键部件。其主要功能是在静电场的作用下,获得一定极性的均匀电荷,并将根据照在其表面的光像转换成的静电潜像,经显影剂显影后获得可见的色粉图像。

1. 感光鼓的原理

感光鼓实质是一种特殊的对光非常敏感的半导体，简称光导体。这种半导体的重要物理性质在于它的导电能力在一定条件下会发生明显变化。半导体受到光照后其载流子浓度增加、电阻率下降、导电能力增强的现象称为光电导。静电复印技术所需要的就是光电导特性良好的半导体材料，现代静电复印机上普遍应用的硒、氧化锌、硫化镉、有机光导体等都是较理想的光电导材料。

静电复印机所用的光导体，是在导电基体（铝箔、铝板、铝筒或其他金属材料）上直接涂敷或真空蒸镀一薄层光电导材料。不同材料构成的光导体其性能也不同，把具有整流性能的感光薄层叫做“卡尔逊层”，有内极化性能的感光薄层叫做 PIP 层。目前的静电复印机的感光体表层都属于“卡尔逊层”。不同的感光材料的整流方向也不同，如硒是 P 型半导体，表面只能沉积正电荷，这是因为对光导层表面充正电荷，在光导层与基体界面处就会感应出等量的负电荷，在 P 型半导体中，负电荷不能移动，因此光导层表面的正电荷与界面上的负电荷只能相互吸引，而不会中和。若对其充负电荷，则在光导层与基体界面处感应出正电荷，P 型半导体的主要载流子是空穴，自由移动较容易，通过空穴的移动，使界面上的正电荷不断与光导层表面的负电荷中和这种移动称为“注入”，使光导层表面电压不能达到所需要的数值，这种只允许一种极性的电流“注入”，而阻止另一种极性电荷“注入”的介电特性称做光导体的“整流性能”。显然，构成光导层的半导体材料不同，其整流方向也不同，如氧化锌膜是 N 型半导体，它的表面必须用负电荷充电。

光敏半导体受到光照射后，其电导率可以上升几个数量级。从能带角度分析，其价带中的电子吸收了光能后，跃入导带，产生电子-空穴对。这种由于光照产生的电子-空穴对，称为光生载流子。光敏半导体内光生载流增多，其电导率就上升。本征半导体的光生载流子都是成对产生，其数量不能适应实用需要。

在实际应用中，光敏半导体材料须经过各种掺杂后，才能制成复印机使用的半导体，掺杂后的半导体称为掺杂半导体。掺杂后，光生载流子中电子为多数的称为 N 型半导体；空穴为多数的称为 P 型半导体。除导电极性不同外，不同的光敏半导体对光的敏感程度也不一样。光敏半导体的电导率与其对光的敏感程度成正比，所以光感度对光导材料的导电性能影响很大。

光导材料的光感度只是对光谱中某一区域的光感度高，离开这一区域，则光感度很低或没有光感度。光敏半导体在它适应的光谱范围内，光感度达到最高，对该范围的光吸收效果最好，形成一个峰状曲线。在这一峰值范围内，光导材料的光电导效果最佳。

2. 感光鼓的类型及其结构

目前，静电复印机使用的感光鼓基本上可分为无机和有机两大类。无机类感光鼓根据使用材料的不同可分为硒及硒合金、硫化镉、无定形硅等；有机类感光鼓根据感光层结构的不同可分为均一单层型、机能分离型和黏合剂分散型等。其基本结构一般是由导电性基体和涂敷在它上面的光电导材料薄膜组成。光电导材料可以储存电荷、进行光电转换和形成静电潜像。导电基体则起着支撑光电导材料膜层和接地作用。基体的接地作用十分重要，因为只有将基体接地，才能在对感光鼓表面充电时，使其成为感应出与感光鼓表面极性相反而数量相等的电荷的导体;在对感光鼓进行曝光时,使其成为电子-空穴对选择性迁移时电荷逃逸光导层的导体。

根据静电复印机实际操作过程的要求,光导体应具备以下几种主要特性。

(1) 暗特性要好

光导体在暗环境中,其电阻率应很高,近似于绝缘体,也称为光导体的介电特性或暗衰减特性。当然对于具有整流特性的光导体的介电特性是有选择的,不同的光导体适合不同极性的电荷。暗特性好的光导体表面沉积相应极性电荷后,表层静电电位下降缓慢,以保证在显影时仍保持有符合要求的静电电位。

(2) 明特性要好

光导体由暗环境进入明环境,其电阻率应能迅速下降,由近似绝缘体状态变为与光强弱相应电阻值的导体,使在暗环境中充电形成的静电位变到与光强弱相应的电位(这种性质也称为光导体的明衰减特性),再经过显影,才能形成有足够反差和丰富层次的可见墨粉像。

(3) 光敏特性

这里所说的光敏特性,是指光导体见光时电阻率下降速度和与光强度的对应关系。其变化速度主要影响复印速度,一般复印机要求这个变化过程用 1/10 s 左右完成,高速复印机则要求更快。电阻率下降程度与光强度若为正比例关系,静电潜像的层次就丰富,否则复印件就会缺乏半色调而显得生硬。

(4) 恢复特性

光导体见光变为导体,回到暗环境中应能在规定时间内恢复为绝缘体,以保证再次充电连续使用,这也是影响复印机工作速度的重要因素之一。

(5) 耐磨性

光导体表现要有一定的硬度,否则经不起显影、转印和清洁工序的机械磨损。被划伤的光导体会影响复印质量,严重时光导体只能报废。在实际应用中,因机械磨损、划伤而报废的光导体,占相当大比例。

(6) 温度稳定性

半导体材料的突出弱点是受温度影响较大,光敏材料也不例外。在实际应用中,应选择那些受温度影响小的光导材料,通常要求在室温变化条件下,能正常工作。

(7) 耐疲劳性

光导体在使用过程中,要有良好的耐疲劳性能,能连续长时间地反复充电、见光,在规定的寿命范围内,复制品的质量不能因光导体连续使用而下降。光导体的光导特性的稳定性要好,应符合连续使用的要求。

(8) 无毒

光导体从制造到使用以及报废处理,都应要求无毒,不污染环境。目前使用的光导体还不能完全符合无毒要求,有的光导体毒性还比较大,如硫化镉光导体。

3. 感光鼓种类

(1) 硒感光鼓

硒感光鼓是由硒光导层、氧化铝膜中间层和铝基导电基体 3 层组成的。硒光导层是把硒蒸镀到铝基上形成的无定形硒膜层，这一镀层的质量好坏，直接影响到复印品的质量。因此对这一光导层要求蒸镀均匀、光洁度高。中间层是在蒸镀光导层之前，在底基上形成的一层氧化铝膜，起着阻挡层的作用，以减小光导层的暗衰。铝基是光导层的载体，并起到与地导通和产生与充电相对应的感应电荷的作用。

① 无定形硒光导体

硒的元素符号为 Se，原子量为 78.96，有结晶和非结晶两种状态。非结晶态有无定形硒、玻璃态硒和圆柱形硒等。其中无定形硒是目前静电复印机使用最多的光电导材料。

无定形硒的比重为 4.27 g/cm^3，莫氏硬度约为 20，不溶于水和乙醇，溶于硫酸，微溶于二硫化碳。温度为 50～90℃环境下，无定形硒可较快转化为玻璃状硒，并进一步向结晶硒转化，最后变成六角形硒而稳定下来。无定形硒的感光灵敏度好，但感光范围窄，因此，用于制作静电复印用光导体时，通常要添加碲、砷等杂质以提高感色性能。此外，无定形硒的感光灵敏度还与蒸镀条件有关。

② 硒合金光导体

在纯硒中掺入一定量的砷(As)，可以使其光谱响应范围扩大，同时增加硬度，并可抗晶化。实用的硒砷合金光导材料中再掺入少量其他元素，已用在较高速度的复印机上，效果较好，但硒砷光导体仍有某些缺点，因此，近期高速复印机中大量使用的是硒碲(Se -Te)合金光导体。这种光导体的残余电位有明显下降，表面硬度提高，使用寿命增加，可复印 A4 纸 15 万张。除硒碲合金外，还有三硒化二砷光导体，其性能也很好，一般用于激光复印机中。

(2) 硫化镉感光鼓

硫化镉分子式为 CdS，分子量为 144.46，微毒，无放射性，微溶于水和乙醇，溶于酸，极易溶于氨。硫化镉的暗、明电阻比值高，是目前光导材料的佼佼者，是制作光敏电阻、光敏晶体管和光电池的最重要的材料之一。

硫化镉属于 N 型半导体，光谱适应范围较宽，对光的灵敏度虽高，但暗电导率较其他光导体也高，为了形成高反差的静电潜像，光导体制成三层结构。

硫化镉感光鼓是由透明的聚酯薄膜绝缘层(上表面阻挡层)、光导层、中间层(下表面阻挡层)和导电基体组成。绝缘层的作用是限制充电电荷注入光导层内部和保存充电时沉积在感光鼓表面的电荷，这一层对产生静电反差起着重要作用；光导层则是在光的照射下吸收入射光光子的吸收层，在光导层内，由于光子的激发而释放出电子-空穴对，形成众多的自由载流子，它们在电场力的作用下形成光电流；中间层是用来阻挡在充电时从导电基体上感应出来的电荷进入光导层的；基体的作用是支撑光电导材料膜层，并起接地作用，作为在光照时电子-空穴对选择性迁移时电荷逃逸光导层的导体和充电时感应电荷的导体。

三层结构的硫化镉光导体，突出的优点是静电潜像电位差大，复印出的图像反差大。因表层加有绝缘膜，使光导体的耐磨性好。由于对光的灵敏度高，能用在各种速度的机器上。

这种光导体表层的绝缘膜，对图像的分辨率有一些影响。硫化镉对温度很敏感，而且怕潮,由于其表面没有保护膜,对操作者身体不利,也不利于废光导体的处理。

(3) 有机感光鼓

有机光导体用有光敏特性的有机材料制成。有机光导材料有许多种,现在复印机上使用的多是聚乙烯咔唑(PVK),是西德 Kalle 公司于 1958 年研制成功。这种材料的光谱适应范围在紫外区,实际使用时需要增感,把适应范围移到可见光区。增感剂由美国 IBM 公司试验成功,他们用三硝基芴酮(TNF)对 PVK 进行增感,制成了较高感光度的有机光导材料,以后又相继出现多种有机光导材料,使有机光电导材料在静电复印技术中的应用前景变得更加宽阔。

有机感光鼓(OPC)的结构有单层、双层、多层几种形式。其中双层结构的机能分离型有机感光鼓在实际中应用最多。这种有机感光鼓是由载流子传输层(CTL)、载流子发生层(CGL)、导电层和片基组成的。所谓机能分离型是指感光鼓产生载流子与传输载流子的机能是分别由不同层来承担的。其中载流子发生层由载流子发生材料与黏合剂组成,其作用是吸收光子后产生载流子;载流子传输层是由载流子传输材料与黏合剂组成的,作用是接受并传输载流子发生层所产生的载流子。导电基体由导电层和片基组成,用于接地并支撑载流子发生层与传输层。这种结构由于把载流子产生机能和载流子传输机能分开,载流子产生量子效率高,因而感度高。如图 3-14 所示。

同时,由于有机光导材料可以进行人工合成,有成本低廉、无毒、质轻、可挠性好等优点,涂层不易脱落,寿命较长,一般充放电可在 6 000～10 000 次或更多。目前的使用寿命已达 10 万次以上。

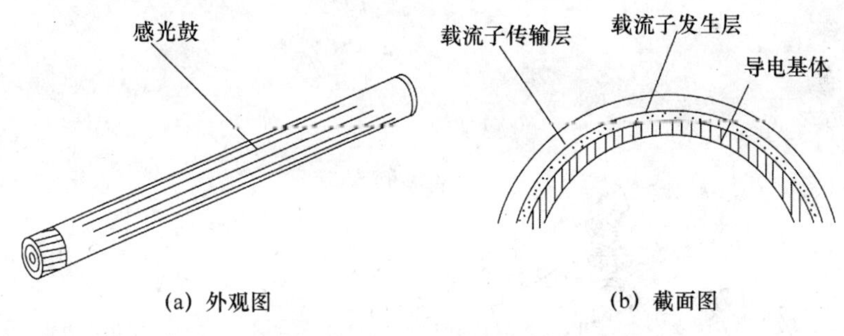

(a) 外观图　　(b) 截面图

图 3-14　有机感光鼓

(4) 无定形硅感光鼓

将硅材料用于静电复印的光导体,是近几年新开发并已投入使用的新技术。硅光电导材料的光电导特性好,光谱适应范围宽,机械强度比硒高,使用寿命长,毒性小,材料资源极其丰富。

无定形硅感光鼓的结构是由表面层、实体导层、阻挡层和导电铝基 4 层组成。其表面层、实体导层和阻挡层都是无定形硅层;阻挡层起着防止电子从铝基注入的作用;实体导层既是载流子产生层,也是载流子的输送层;表面层的作用是保护实体导层(光导层)免受电晕放电以及显影材料和清洁材料的损害,同时具有抗腐蚀和抗潮湿的作用。

3.2.3 定影系统

定影组件中的定影辊由主马达驱动。纸从感光鼓出来后就被送入定影组件内。墨粉在这里没融化，通过定影辊和定影压力辊被固定在纸张纤维里，然后排出机器。定影组件组成如图 3-15 所示。定影组件工作过程如图 3-16 所示。

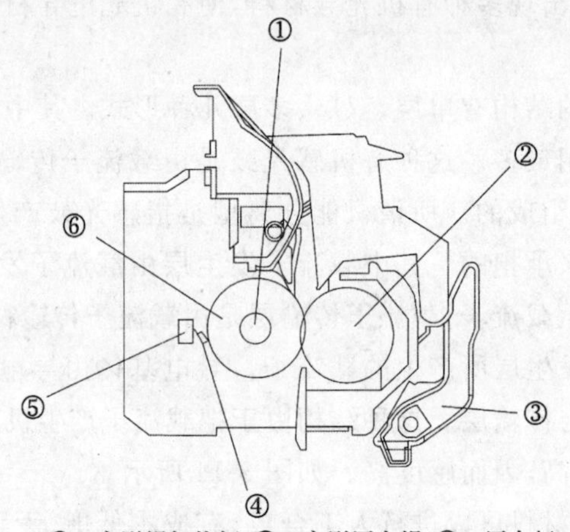

①—定影辊加热灯 ②—定影压力辊 ③—压力杆
④—定影辊热敏开关 ⑤—定影辊热敏电阻 ⑥—定影辊

图 3-15 定影组件

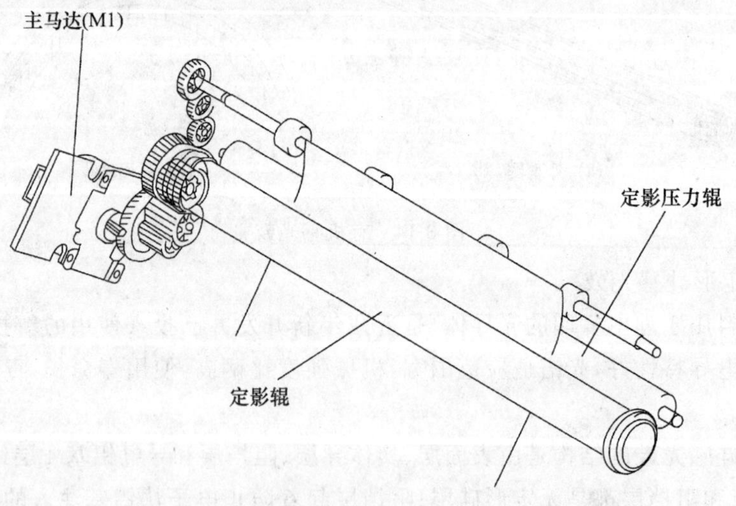

图 3-16 定影组件工作过程示意图

整个定影过程中提到的定影压力机构是为使辊之间具有少量宽度，而用一个压力弹簧将定影压力辊向上顶着定影辊。定影压力机构组成如图 3-17 所示。

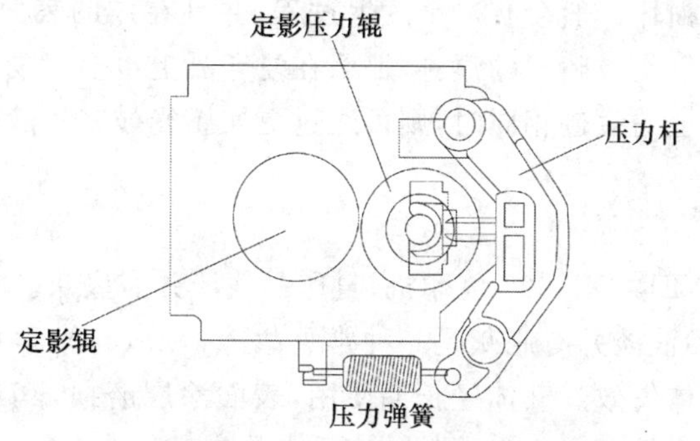

图 3-17 定影辊压力机构组成

3.2.4 故障案例

复印机的机械部分故障主要是搓纸/输纸和感光鼓出现问题，下面首先讲解搓纸/输纸和感光鼓部分故障分析和检测流程，其次结合实际故障案例进行分析。

1. 搓纸/输纸故障

对于复印机整个复印周期来说，搓纸以及输纸过程是有一定的时间限制。如果搓纸或输纸部件工作不良，同样会影响复印机的正常工作。

(1) 不进纸

不进纸的故障常出现在进纸区，主要是由于搓纸轮以及搓纸轮的动力传动部件引起，故障原因是搓纸轮老化或受污染。

当搓纸轮老化或受污染，在进行搓纸时能听到轮与纸之间打滑的响声，也就是说纸张没有动作，搓纸轮空转。这种情况应先对搓纸轮表面做一下清洁处理，看机器走纸是否正常，如不正常，则应更换搓纸轮，故障即可解决。

(2) 输纸故障

输纸故障一般表现为卡纸故障，当纸张卡在机器内部，则说明输纸过程出现问题。一般能引起在机器输纸过程卡纸的多数为纸路被堵所造成的。

出现此故障要先看纸张被卡住的位置的前端是否存在异物，如果没有则要观察复印机内部部件是否存在变形或安装不到位的情况。如存在异物，则取出异物，如安装不到位则要重新安装内部部件。

注意事项：在取异物或重新安装过程中一定要先切断电源，以免发生触电造成伤害。

2. 感光鼓故障

一般感光鼓出现故障时由两方面造成，即自然磨损到寿命期和人为物理损坏。

(1) 复印品浅，且伴随着底灰现象

当出现自然磨损到寿命期时，一般会出现复印品浅，且伴随着局部有规律底灰现象。可通过询问客户的方法来获取感光鼓是否到寿命期限。也可通过观察鼓表面的磨损痕迹来大致判断鼓的寿命值。这种情况通过更换新感光鼓即可解决。

(2) 复印品表面有划痕或黑点

感光鼓出现人为损坏一般会有一个发生过程,并且在鼓的表面留有磨损或磕碰的痕迹。如果鼓的表面有划伤或磕碰的痕迹,那么在复印品上也会出现同样的印痕,当通过观察发现复印品上与鼓上的痕迹相同时,则可通过更换感光鼓来解除故障。

3. 故障案例

(1) 故障一

故障现象:施乐 XEROX 1027 复印机,复印品浅淡并有底灰。

故障分析:复印品浅淡并有底灰是一种常见故障,一般与光学系统、充电、显影有关,但影响最大的还是载体失效。载体经长期使用,表面涂层磨损,其黏结性、电荷控制能力减弱,磁力下降,与感光鼓配合不良,因此,应重点检查载体。

检测过程:首先对光路进行清洁并更换了充电电极丝,故障现象依旧,然后取出显影器观察,发现载体已失效。更换载体后,故障排除。

注意事项:更换载体前,一定要把失效载体清除干净,否则新载体的寿命将达不到 3 万张或更短。

色粉只能使用施乐系列的色粉,否则会影响载体的寿命,还可能出现负像及其他复印品质量问题。

(2) 故障二

故障现象:一台理光 FT-4495 复印机,近日因墨粉用完,更换了墨粉,使用不久无粉指示灯仍旧闪亮,提示墨粉不够,主电机空转不停,不能进行复印。

故障分析:根据故障现象,估计是墨粉盒没有安装到位造成的。

检测过程:重装墨粉盒,并检查墨粉量无误后,开机再试,故障依旧。打开前盖观察供粉机构的传动情况,发现转动供粉辊齿轮能带动传动轮及搅粉齿轮转动,说明故障出现在搅粉齿轮到墨粉盒的传动部件上。取出墨粉盒,发现墨粉盒与搅粉齿轮之间的啮合齿轮扭断,造成墨粉盒内的搅粉辊不能转动,墨粉盒不能供粉,机器无法工作,取回原来的无粉墨粉盒,将墨粉全部倒入原来的墨粉盒内,重装墨粉盒,故障排除。

注意事项:更换墨粉盒时,必须先轻轻摇动新盒,使墨粉分布均匀,并转动搅粉辊,使之转动灵活,无死点,方可安装。否则,将会造成搅粉辊啮合齿轮扭断的现象,造成不必要的损失。

(3) 故障三

故障现象:一台理光 FT-4490 复印机,使用近一年,复印 A3、B4 纸张正常,但复印 A4、B5 纸时却出现卡纸现象,并且操作面板显示卡纸位置总是在"B"处(定影部件处)。

故障分析:由于复印 A3、B4 纸正常,说明复印机电气部分没有故障,估计问题出在机械部分,而 A3 与 A4、B4 与 B5 纸宽度相同,仅长度不同而已。仔细观察复印过程,发现复印 A4 或 B5 纸时,当纸从感光鼓上完全分离下来后掉到输纸皮带上即停止运动,不能继续往定影装置入口处传送,有时即使能运动,但明显速度很慢,导致显影后的纸不能及时传送到定影装置,所以显示卡纸;而复印 A3 或 B4 纸时,当纸的后部被从感光鼓上分离下来时,因为纸张较长,其前端已通过输纸皮带及时到达定影装置入口处,经过定影辊和压力辊的间隙被送入定影装置,因而复印成功。由此看来,故障出在输纸部位。正常情况下，从感光鼓上分离下来已显影的纸张掉在输纸皮带上后，皮带下的负压风扇的吸力将其吸到输纸皮带并及时传送到定影装置，否则出纸传感器不能及时检测到出纸就显示卡纸。

造成此故障的原因有三：一是负压风扇的电机损坏导致风扇不转，使得纸落在输送皮带上后与皮带间没有足够的摩擦力，输纸失败，引起卡纸；二是驱动输纸皮带的齿轮机构故障，导致输纸皮带不转；三是输纸皮带与主动轮间的摩擦力减小，输纸皮带打滑。

检测过程：经多次复印观察，发现属于第三种情况，于是拆除墨粉收集瓶，取下输纸部件及负压风扇（装在一起），从输纸部件上拆下输纸皮带，发现其内侧确已很光滑，更换输纸皮带后（应急处理可将输纸皮带内侧翻转过来照原样装回），将输纸部件及负压风扇原样装回（要确保输纸齿轮与驱动齿轮啮合），预热试复印，故障排除。

（4）故障四

故障现象：一台施乐 5518 复印机，使用一段时间后，废粉盒温显示“J9”代码。取下废粉盒，倒掉废粉后重新装上，却一直显示“J9”代码（已重新开启电源）。

故障分析：本复印机判断废粉是否装满是采用光电检测的，废粉盒后上部有一凸出部分，靠近光电检测灯；废粉积聚升到凸出部分时，则检测到废粉已满，并显示“J9”代码。

检测过程：取下废粉盒仔细观察，发现凸出部分里层有些墨粉，即揭掉盒盖，用镊子夹住绒布擦掉墨粉（亦可用纸），然后再装上，状态码“J9”立即消除。

（5）故障五

故障现象：一台佳能 3020 复印机，使用近两年后，突然出现“咔哒咔哒”的机械噪声，尚能正常复印。几天后，噪声加大，出现复印品全白的故障现象。

故障分析：噪声大可能的原因是机械部分故障或者是电机故障，出现复印品全白可能是感光鼓的原因。

检测过程：经检查，纸张卡于感光鼓和输纸部件之间，并发现感光鼓一端的黑色三星状塑料部件严重磨损，电机转动时，其主轴上带弹簧的销子在塑料部件上打滑（产生噪声），无法带动感光鼓一起转动，感光鼓无法曝光及形成影像，纸张不能与感光鼓分离，因而产生复印品全白和卡纸，更换塑料部件后故障排除。

（6）故障六

故障现象：施乐 2510 型复印机复印图像浅淡。

故障分析：开机复印，观察“加粉指示灯”不亮，检查充电和转印电晕器清洁，曝光调节适宜。根据上述现象，判断故障的原因主要有：

① 显影偏压不正常；

② 显影载体不符合要求；

③ 光电传感器不良；

④ 充电电路有故障。

检测过程：本着“先易后难”的检修原则，首先检查显影载体是否良好，再检测显影偏压，发现显影器上无显影偏压，由此判断显影偏压连接线及高压输出电路有问题。经逐一仔细检查，发现显影连接线断路。更换为同规格显影连接线后试机，故障排除。

（7）故障七

故障现象：施乐 2520 型复印机卡纸。

故障分析：据用户介绍，该机刚开机时，突然从机内发出巨大的响声，立即关机后重新开机时，便出现本例故障，初步分析应该是机械部分故障。

检测过程：拉开门栓，观察发现输纸辊传动齿轮与其相啮合的定影辊传动齿轮均损坏。小心取出定影组件和感光鼓组件，检查该组件机械传动情况，未发现异常。试更换输纸辊传动齿轮 7K00412，再取两张 2 cm×20 cm 白纸条，中间放一张复印纸，将其放在输纸辊传动齿轮与定影辊传动齿轮中间。用手按顺时针方向连续旋转主电动机转子转动部件，直至输纸辊传动齿轮与定影辊传动齿轮啮合 1～2 转后，取出纸条，观察两齿轮的啮合痕迹，发现两齿啮合间隙过大。经进一步仔细检查各相关部件，发现门栓右挂钩弯曲度过长，从而造成上述故障。仔细校正门栓右挂钩弯曲度后试机，故障排除。

(8) 故障八

故障现象：施乐 2970 型复印机的复印件上的图像在复印纸上的位置与原稿中图像在纸上的位置不同，发生位移。

故障分析：引起上述故障的原因主要有：

① 搓纸辊打滑；

② 位置传感器失灵；

③ 对位检测开关失效；

④ 对位电位器不良；

⑤ 对位辊和对位离合器工作异常。

检测过程：接通复印机电源，按下“复印”键，在复印过程中观察机器的运行状况，发现搓纸辊、对位辊及对位离合器工作均正常。逐一检查位置传感器、对位检测开关、对位电位器，发现对位检测开关已损坏，导致对位检测失效，从而造成本例故障。更换对位检测开关，故障排除。

(9) 故障九

故障现象：施乐 2970G 型复印机，复印图像色调不能达到复印机本身色调层次。

故障分析：根据现象，分析故障的原因主要有：

① 显影器不良；

② 显影偏压偏高。

检测过程：拆开显影器检查，发现其内部已严重脏污。清洁处理清洁器后试机，故障排除。

注意事项：色调是指复印件上图像层次的再现性，测试板上用图像的水平灰度级来检查复印图像的色调。

(10) 故障十

故障现象：施乐 2970G 型复印机，复印件图像全白。

故障分析：该故障引起的原因有曝光灯、充电电晕器以及显影部分故障造成的。

检测过程：开机复印，在稿台移动扫描过程中观察发现曝光灯不亮。检查充电电晕器安装正常，充电、转印电晕丝完好。测充电、转印高压输出正常，复印时内侧消电灯点亮。经进一步仔细检查，发现显影器传动过渡齿轮损坏。更换为同规格显影器传动过渡齿轮后试机，故障排除。

(11) 故障十一

故障现象:施乐 3800G 型复印机复印件全白。

故障分析:引起的原因有曝光灯、充电电晕器以及显影部分故障造成的。

检测过程:开机复印,在扫描期间观察曝光灯能正常点亮,且检查显影电动机运转正常,但发现指示灯 HL5 不亮。试用手转动磁辊,发现显影组件磁辊不转动,检查其传动、驱动系统均无异常,由此判断显影组件本身不良。更换为同规格显影组件后试机,故障排除。

(12) 故障十二

故障现象:施乐 3970 型复印机复印出横向模糊带,且在同一张纸上有规律地间隔一定距离反复出现。

故障分析:根据上述现象,判断可能是感光鼓故障或者是纸张在输送或转印过程中有振动,导致纸张与感光鼓的运行速度瞬间不同步,从而出现本例故障。

检测过程:打开复印机前门,开机复印并在中途突然关机,检查发现转印前感光鼓表面的墨粉图像正常。经仔细检查各相关部件,发现输送带传动齿轮已严重磨损,运转中有时打滑停顿。更换为同规格输送带传动齿轮后试机,故障排除。

(13) 故障十三

故障现象:复印时,施乐 4800 型复印机面板显示代码"U5"。

故障分析:诊断状态代码"U5"表示下纸盘升降器电动机运转时间大于或等于 10 s,分析其原因主要有:

① 电动机有问题;

② 安全开关 S-5 不良;

③ 控制开关 S-9 失灵;

④ 向下限位开关 S-8 失灵。

检测过程:采用诊断程序进行检查,打开前门并拉出诊断开关,面板显出"dp"码。按清除键"C",数字显示为"0",再按数字"1"键,使"dp"变成 P1。依次输入数字"34"、"29",并按启动键,分别检查控制开关 S-9、向下限位开关 S-8,发现向下限位开关 S-8 已损坏。更换为同规格向下限位开关后试机,故障排除。

(14) 故障十四

故障现象:施乐 5026 型复印机复印图像全白。

故障分析:开机复印,发现无论进行红色还是黑色复印,显影器均不能很好地靠近感光鼓,由此判断控制显影器动作的显影开关离合器不良。

检测过程:拆下检查,发现该离合器内的弹簧已变形,导致扭力不够,显影器无法达到预定的位置,从而造成本例故障。更换为同规格弹簧后试机,故障排除。

(15) 故障十五

故障现象:施乐 5027 型复印机,复印件下边有 6～8 cm 宽的区域不能定影。

故障分析:定影部分故障。

检测过程:开机复印,检查定影辊运行良好,但发现定影辊上面的刮粉胶片上有墨粉在高温下形成的结块。取出定影辊,检查其有 6～8 cm 宽的区域损坏。经逐步仔细检查,发现定影灯发热不均匀，导致定影辊受热不均，从而造成上述故障。更换定影灯和定影辊后试机，故障排除。

(16) 故障十六

故障现象：施乐 5416/5421 型复印机复印件有不规则底灰。

故障分析：故障原因可能是机器内部脏、感光鼓以及感光组组件故障造成的。

检测过程：对机器进行清洁处理后试机，故障依旧。取出感光鼓组件，检查发现鼓表面有大量残留墨粉，由此判断鼓组件的清洁系统有问题。加电开机，命名复印机进入模拟自诊状态，输入代码“6-6”，检查预转印灯工作正常；再输入代码“9-11”，检测出刮板电磁铁也能正常工作。经进一步仔细检查各相关部件，发现清洁刮板已严重变形。更换为同规格刮板后试机，故障排除。

第 4 章 复印机电气控制系统

☞概　述

本章主要讲解复印机电源电路和逻辑控制电路的组成和工作原理，通过本章的学习，学员能够对复印机的电源和逻辑控制电路进行分析，并能检测维修复印机的电源和逻辑控制电路。

☞学习目标

- 掌握复印机电源电路的工作原理
- 掌握复印机实际电源电路的分析方法
- 熟悉复印机逻辑控制电路的组成
- 掌握复印机的各种逻辑电路的工作过程

☞本章重点

- 复印机实际电源电路的分析方法
- 复印机的各种逻辑电路的工作过程

☞本章难点

- 复印机实际电源电路的分析方法
- 复印机的各种逻辑电路的工作过程

复印机的主要电子电路结构如图 4-1 所示。通过图中可以看出，复印机的主要电路分成两大部分——电源和逻辑控制部分，图中的数字标号是代表 DC 电源供给电路提供的电源电压的标号，图中涉及的英文缩写见表 4-1。

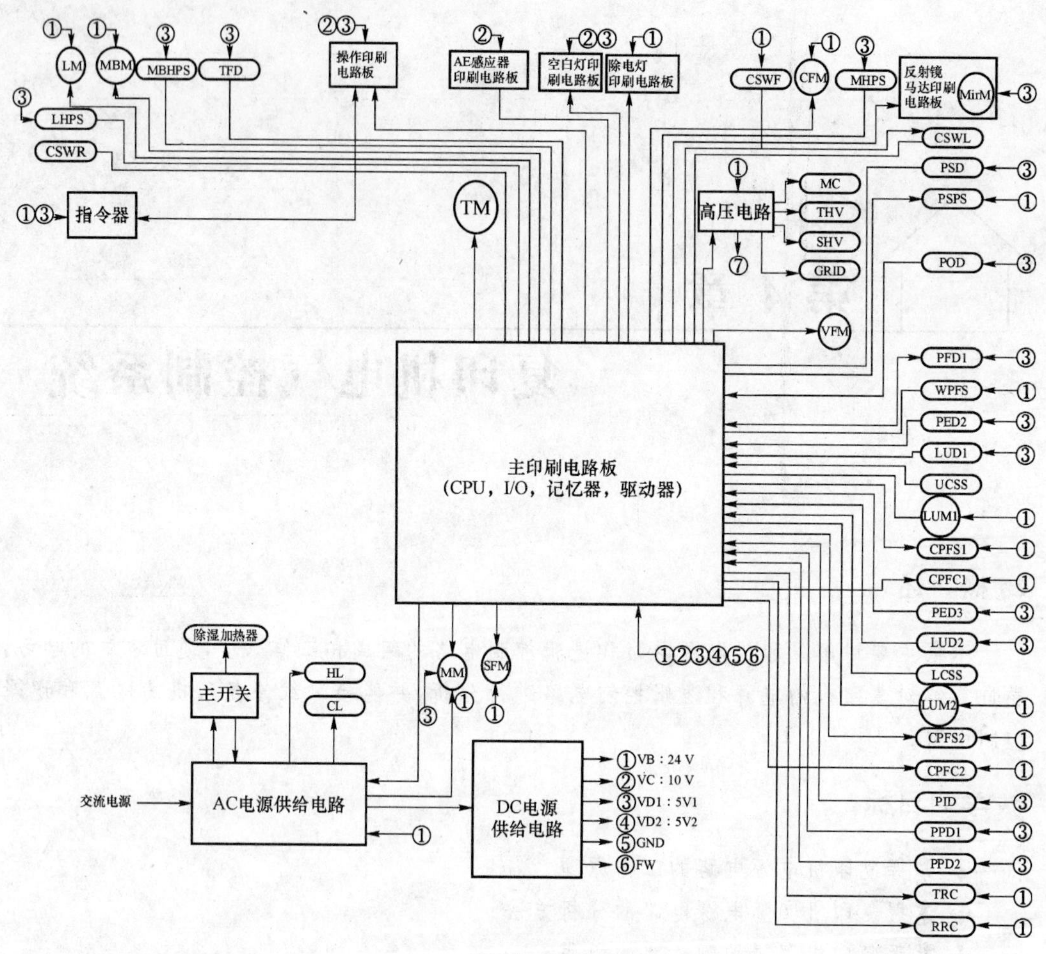

图 4-1 复印机的电子电路系统方框图

表 4-1 英文缩写

缩写	功能说明	缩写	功能说明
CFM	冷却扇马达	MM	主马达
CL	复印灯	MPFS	手动多种类供纸电磁开关
CPFS1	供纸盘用纸供纸电磁开关	MirM	反射镜马达
CPFS2	供纸盘用纸供纸电磁开关	PED1	用纸有/无检测感应器
CPFC1	供纸盘用纸供纸离合器 1	PED2	用纸有/无检测感应器
CPFC2	供纸盘用纸供纸离合器 2	PED3	用纸有/无检测感应器
CSWF	盖板开关(前)	PID	用纸入纸检测感应器
CSWL	盖板开关(左)	POD	用纸出纸检测感应器
CSWR	盖板开关(右)	PPD1	用纸输出检测感应器
GRID	主(带电)加载器栅极	PPD2	用纸输出检测感应器

续 表

缩写	功能说明	缩写	功能说明
HL	热风器指示灯	PSD	用纸分离检测感应器
LCSS	下段供纸盘尺寸感应器	PSPS	用纸分离爪电磁开关
LHPS	镜头原位感应器	RRC	光阻滚筒离合器
LM	镜头马达	SFM	吸入扇马达
LUD1	上升上限检测感应器 1	SHV	分离加载器高压
LUD2	上升上限检测感应器 2	TFD	废弃显影粉积满检测感应器
LUM1	上升马达 1	THV	复印加载器高压
LUM2	上升马达 2	TM	显影粉马达
MBHPS	第 4、5 反射镜基底原位感应器	TRC	输送滚筒离合器
MBM	第 4、5 反射镜基底马达	UCSS	上段供纸盘尺寸感应器
MC	主(带电)加载器高压	VFM	换气扇马达
MHPS	第 2、3 反射镜基底原位感应器	-	-

4.1 电源电路

【概述】

本节首先讲解复印机电源电路的工作原理，然后结合工作原理进行复印机电源电路的实际分析，通过本节的学习，学员能够掌握复印机电源电路的检测和维修。

【学习目标】

掌握复印机电源电路的工作原理

掌握复印机实际电源电路的分析方法

【本节重点】

复印机实际电源电路的分析方法

【本节难点】

复印机实际电源电路的分析方法

4.1.1 工作原理

复印机电源框图如图 4-2 所示。具体各部分的功能在下面详细叙述(图中的数字标号是和下面的具体项目标号统一)。

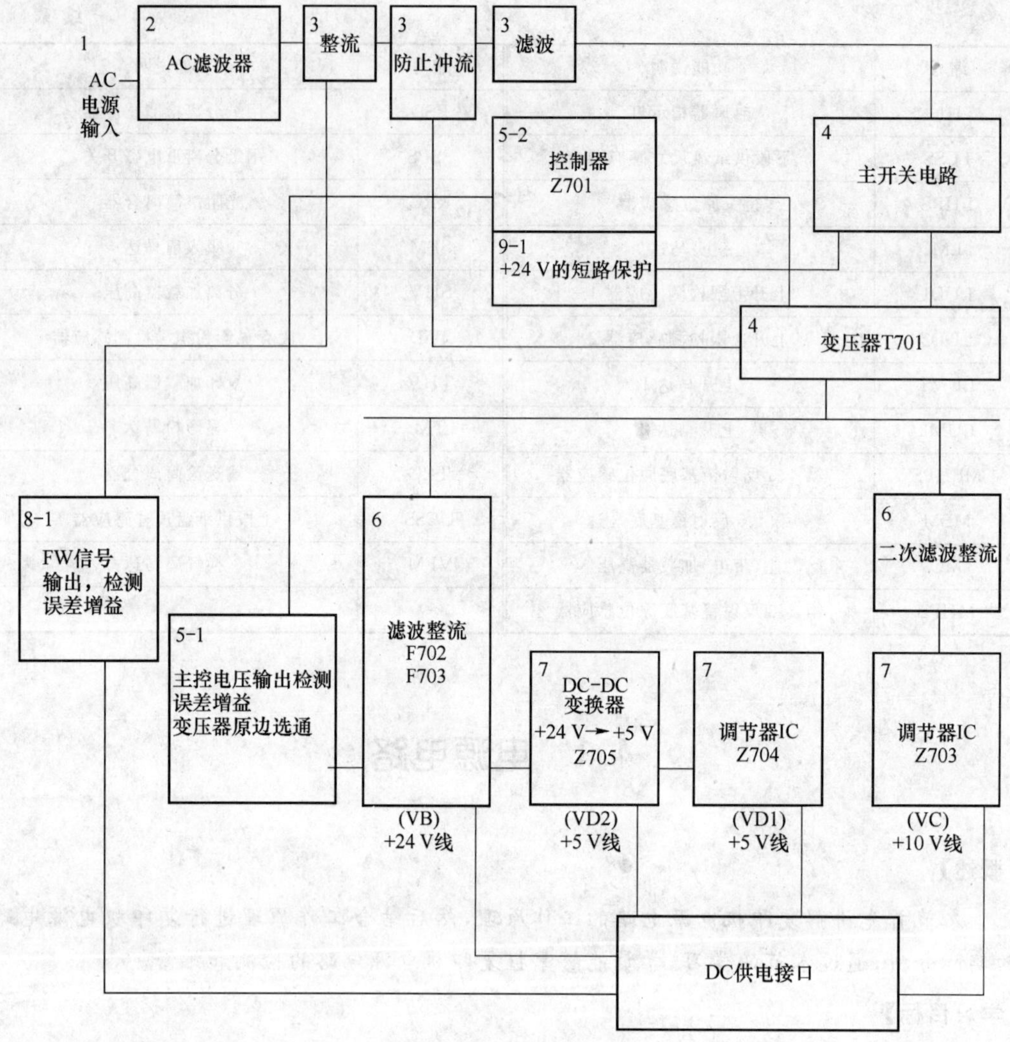

图 4-2　复印机电源框图

1. AC 输入电压

通过 AC 电源输入部分输入电源需要的市电电压。

2. AC 滤波器

通过保险丝后，由 LC 滤波器构成的输入滤波器减少由 AC 线路进入噪声和杂波，并防止电源电路的噪声和杂波反馈给市电网。

第一部分的 LC 滤波器由并联电容器和共模扼流圈的旁通电容器构成。第二部分的 LC 滤波器由并联电容和共模扼流圈组成。

在之后的电路断路或熔断而发生异常电流时，AC 线路上的保险丝保护 AC 电路。

3. 整流、防止冲流和滤波

为将输入的 AC 转换为非常平滑的直流电，就需要由整流、防止冲流和滤波电路来完成，因为得到的直流输出将成为他激方式变压器的输入源。其中整流和滤波电路为二极管电桥和电解电容器的全波整流型电容输入方式。

防止冲流电路就是把整流与滤波电路变为电容器输入方式，以调节在 AC 电流输入时所产生的流向电容器的充电电流。此方式在 AC 电流输入时，一边用限流阻抗限制冲流电流，一边向滤波电容器充电，接着在达到所需的电压时，他激方式变压器便启动工作，并由变压器的次级输出。

4. 主开关电路部

图 4-1 框图中主开关电路的工作过程是场效应晶体管向变压器 T701 施加非稳定的直流输出电压而进行开关操作。在场效应晶体管关闭时，变压器内储存的能量向次级传输。场效应晶体管开关操作由 PWM 的周期性波形来进行控制。

另外，电容器、电阻以及二极管是场效应晶体管的缓冲器，这也是控制场效应晶体管脉冲电压的器件。

5. 控制电路部

控制电路部包括图 4-2 中的 5-1 和 5-2 两部分。控制器 IC(Z701)发出控制 PWM 矩形波，使变压器 T701 的次级输出信号到达稳定状态。由此，电路在检测主控制输出信号和误差增益后，将输出信号向变压器 T701 的原边输出，然后由控制器 IC(Z701)产生 PWM 矩形波。

另外此 IC(Z701)拥有过电流保护功能以及削减过压信号的功能。

(1) 主控制输出电压检测、误差增益电路以及变压器初级选通电路

用晶体管检测主控制器输出电压(＋24 V)，并进行误差增益。误差增益的输出信号经光耦合器向变压器 T701 原边输出。

另外，以电阻、齐纳二极管为误差增益的标准电压，用电阻和可变电阻检测误差增益，并以电阻和电容器进行误差增益的相位补正。

(2) 由控制器 IC 产生的 PWM 矩形波

通过光耦合器向变压器原边输入的误差增益输出信号进入控制器 IC(Z701)中，以便产生 PWM 矩形波。另外，PWM 矩形波的周期与负载变动无关，固定为 100 kHz。

控制器 IC(Z701)的电源在电源启动时和稳定状态时的主供电方法有所不同。电源启动时，供给经由二极管、电阻充电的滤波电容器电压同时供给控制器；电源稳定状态时，使变压器 T701 输出的电流经二极管在滤波电容器被直流化，并向控制器 IC(Z701)的直流电源的滤波电容器进行充电，以实现稳定的供电状态。

6. 二次滤波整流

由变压器得到的输出电压通过整流二极管与滤波电容器而被输出。＋24 V 输出电压是经过整流二极管、滤波电容器以及整流二极管缓冲器电路等二次整流、滤波以后得到的。

＋10 V 输出电压也是经过整流二极管、滤波电容器和作为整流二极管缓冲器电路等二次整流滤波以后得到。

＋5 V(图 4-1 中的 VD1 和 VD2)是由＋24 V 的降压以后得到的输出电压。

7. 有关二次整流、滤波后的调节

(1) ＋24 V

与上述相同，＋24 V 作为主控制电路稳定地进行工作，而且由于采用了脉动压缩方法，在电抗线圈和电容器处实现了 LC 滤波器的使用。

(2) ＋10 V

有关＋10 V，经调节器 IC(Z703)进行稳压控制。

(3) ＋5 V(VD2)

由＋24 V 降压以后获得＋5 V。

(4) ＋5 V(VD1)

＋5 V(VD1)可由 VD1 的分支输出获得。之后经调节器 IC(Z704)进行稳定稳压的工作。

8. FW 信号输出和检测误差增益

FW 的信号输出是与 AC 输入信号同步的矩形波。为此,用 AC 输入的整流二极管进行全波整流后,通过电阻以及齐纳二极管,经光耦合器将 AC 全波整流波形的边缘部分送至变压器次级。在变压器的次级根据光耦合器的信号,经过晶体管将信号增益并输出。

9. 过电流保护

(1) ＋24 V

在＋24 V 线路中有保险丝 F702 和 F703 保护电路。发生瞬间短路时,就起保险丝的瞬时耐压容量的作用。但是可能有不能熔继保险丝的情况,此时则由控制器 IC(Z701)进行保护;并通过检测的电阻以及电容器向控制器 IC(Z701)输出保护控制信号促使其进入保护动作。保护动作在持续了规定时间后,控制器 IC(Z701)将停止振荡,然后再打开 AC 电源即可发挥原来的保护功能,见图 4-1 的 9-1 部分。

(2) ＋10 V

＋10 V 以调节器 IC(Z703)自身的保护功能为主进行保护。恢复为自动恢复。另外,其他输出信号不受保护动作的影响。

(3) ＋5 V(VD1)

＋5 V(VD1)以调节器 IC(Z704)自身保护功能进行保护。另外,其他输出信号不受保护动作的影响。

(4) ＋5 V(VD2)

以变换器 IC(Z705)自身保护功能进行保护,通过电阻等元器件将电压降低的变化量输入 IC(Z705),然后其根据输入的变化量信号进行保护。恢复为自动恢复,除＋5 V(VD2)以外的其他输出信号不受保护动作的影响。

4.1.2 复印机实际电源电路分析

1. AC 电路

当门开关(DSW)和电源开光(SW1)闭合时,交流电源将被送到直流电源(直流)基板上,由此直流电源随即开始工作,向复印机提供必要的电源,如图 4-3 所示。

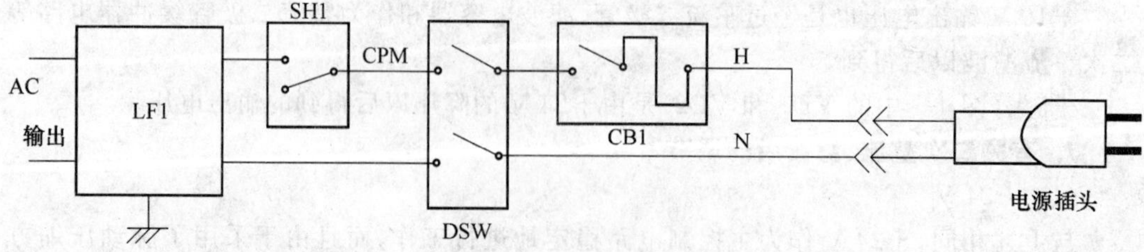

图 4-3 AC 输入电路图

交流电压在供给直流电源基板,同时还会输入 AC 驱动部分,主要是驱动主马达、定影加热器,如图 4-4 所示。

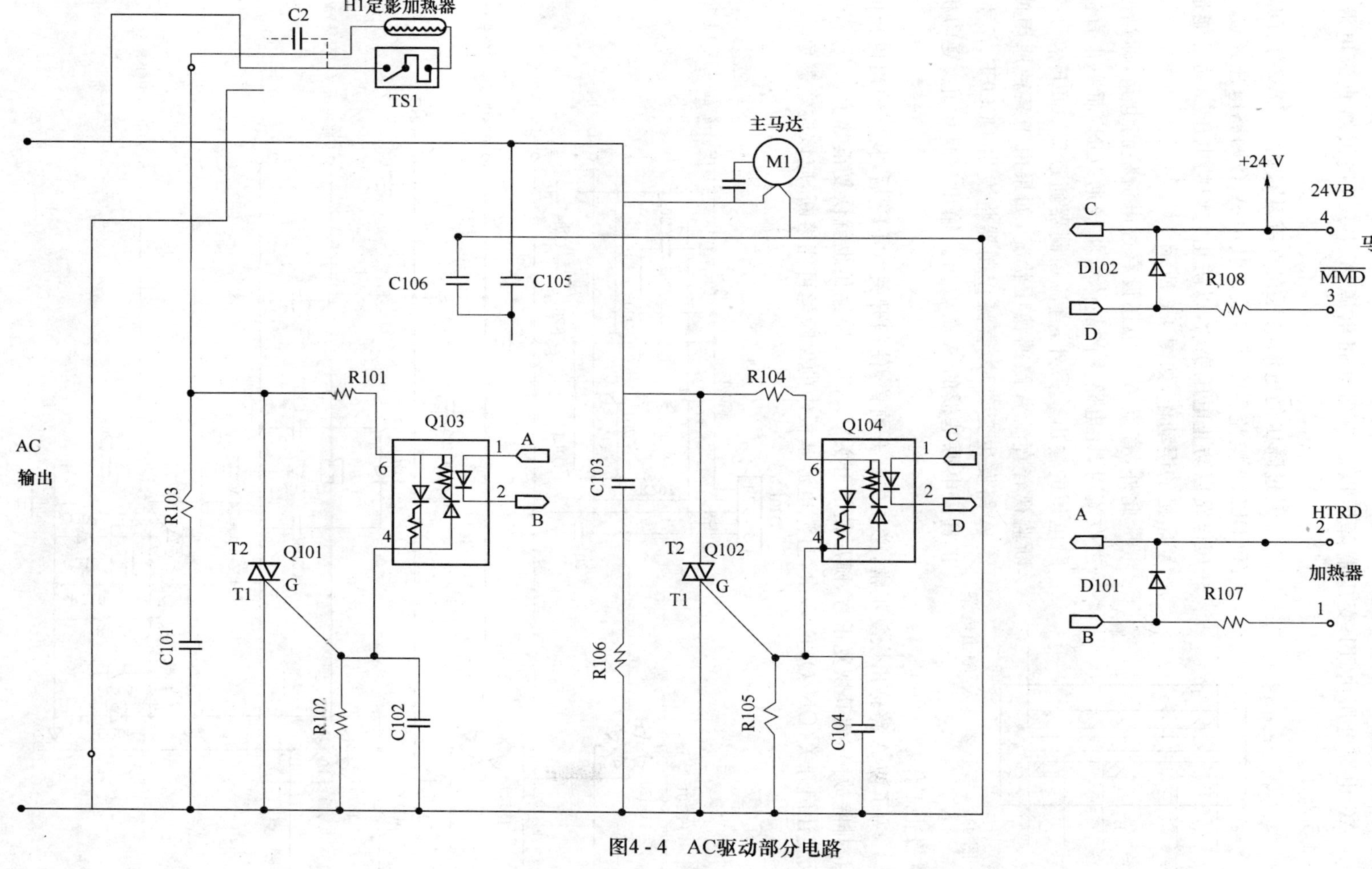

图4-4 AC驱动部分电路

2. 直流电源电路

AC 电源电压由 T1 变压器降压以后输出 3 路电源 A、B、C，提供给直流电源，如图 4-5 所示。

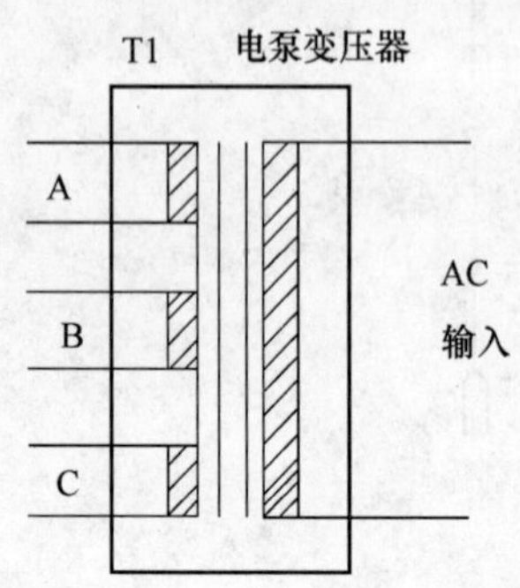

图 4-5　变压器输入/输出电路

经过降压的电源电压在直流基板内经 DB201、DB202 和 DB203 整流后变成直流。其中 A、C 两路电压还设有稳压电路以防止电压变动，以防止它们的电压变动可能造成复印机的误动作，如图 4-6 所示。

此外，直流 A 路中还设有过电流检测电路，即当出现过电流时，此电路中的晶体管将导通“ON”而中止直流 A 路电压的输出。另外，直流控制器通过 DCOFF 信号也不断监视着直流 A 路的稳压状况，如果由于某种原因使直流 A 路发生变动时，直流控制器将发出 DCOFF 信号，停止直流电源基板的 A 路输出。输出一旦中止，复印机也就停止工作。

为了使 A 路输出恢复正常，必须先打开前盖，使门开关“OFF”后，找到输出停止的原因，排除故障，使其恢复正常，随后使门开关“ON”，A 路输出也就恢复正常了。但是，如果反复让门开关(ON/OFF)多次，直流电源基板内的保险丝可能熔断，应该注意避免。

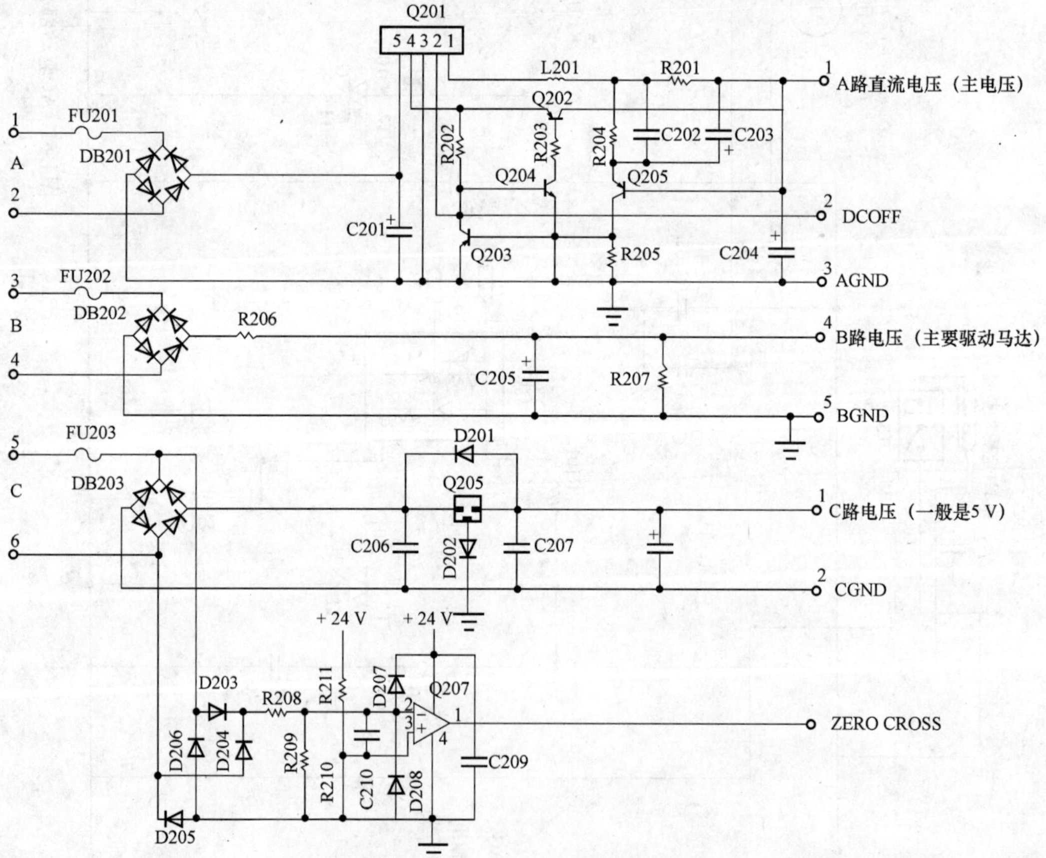

图 4-6　DC 电源电路

4.1.3　故障案例

1. 故障一

故障现象:施乐 2080 型复印机不能进入预热和待印状态。

故障分析:电源电路或者控制电路故障。

检测过程:接通复印机电源,未听到继电器吸合声,由此判断电源电路有故障。试用强制方法将继电器 K706 吸合,复印机能进入正常工作状态。经用万用表检测,发现 K706 线圈上无 24 V 驱动电压。根据电路可知,24 V 驱动电压来自固态继电器 K704。拆下 K704 检测,发现其已损坏。更换为同型号态继电器 K704 后试机,故障排除。

2. 故障二

故障现象:施乐 3301 型复印机无电源指示。

故障分析:据用户介绍,误将该机 100 V 电源插入市电 220 V 后便出现本例故障。参看随机说明书,得知该机有两个电源,一个供传真机,另一个供复印机。

检测过程:拆下复印机电源板,检查发现 8 A 熔丝已熔断。试换新脉宽调制器集成电路,再加电开机,使复印机进入自检状态,发现操作面板上显示"U7-1"状态符,且机器无法工作,由此判断复印机主板有问题。经仔细检查,发现存储器 U2(538K91040)内部不良。更换存储器 538K91040 后试机,故障排除。

4.2　控制电路

【概述】

本节主要讲解复印机逻辑控制的组成,然后结合组成详细讲解各部分的控制驱动电路,通过本节的学习,学员能够掌握复印机逻辑控制电路的检测和维修。

【学习目标】

了解复印机逻辑控制电路的组成

掌握复印机各部分逻辑控制电路检测和维修

【本节重点】

复印机各部分逻辑控制电路检测和维修

【本节难点】

复印机各部分逻辑控制电路检测和维修

4.2.1　控制电路组成

1. DC 控制器组成

主要电气控制都是由 DC 控制器电路基板上的微型计算机完成的。微计算机按照预先存入的程序，读入传感器及键送入的信号，并依据必要的时序安排发出驱动马达、电磁铁、灯等负载的输出信号。图 4-7 是控制电路的组成框图，图中有 A 符号处为模拟信号。

主马达(M1)是以电源周波数为基准的同步马达，光学系统马达(M2)是以 DC 控制板上的晶体振荡器的振荡频率为基准的步进马达。因而，万一复印中电源周波数发生变动时也仅仅影响马达的旋转速度，并不会造成图像的伸缩之类的质量问题。

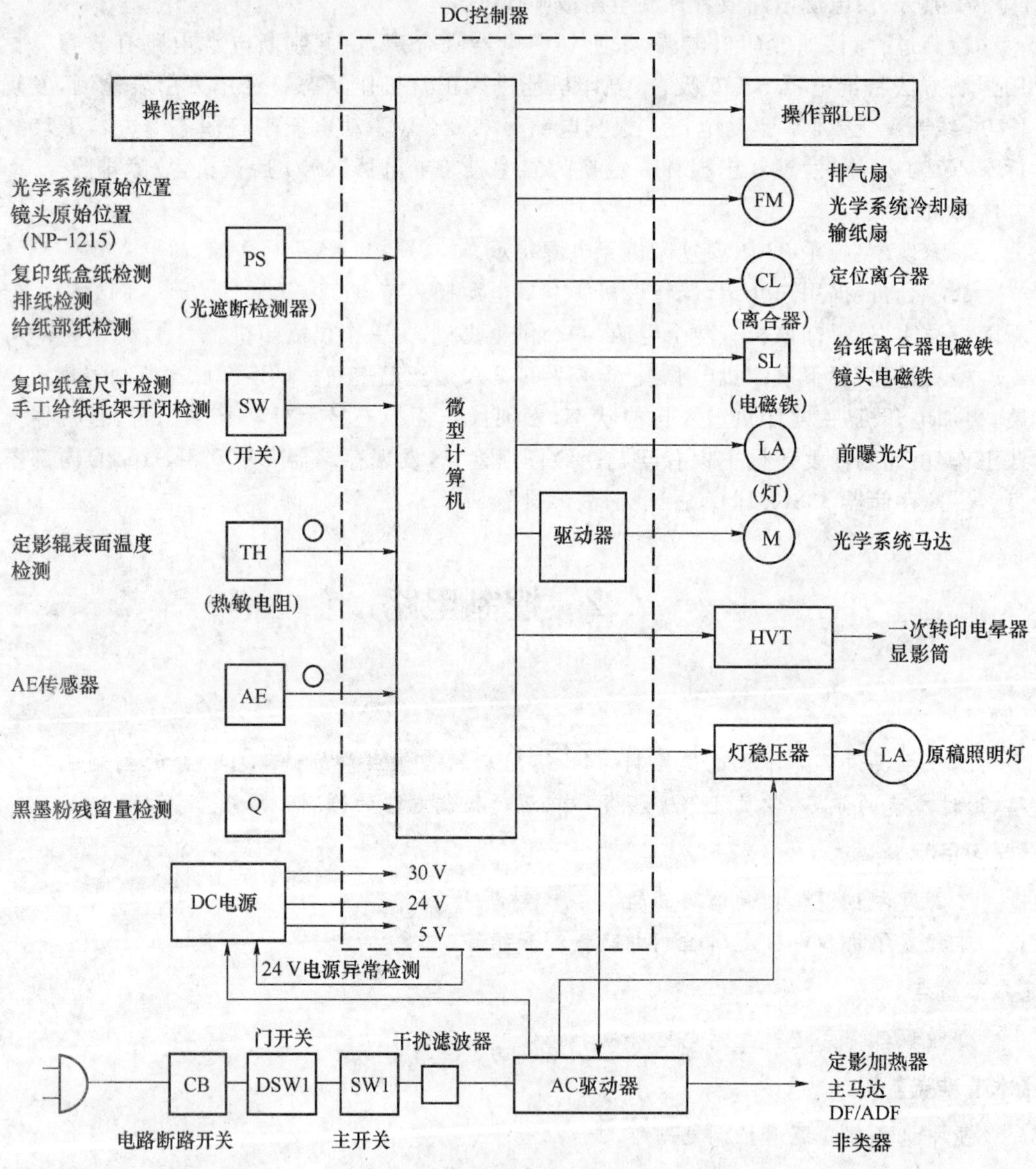

图 4-7 DC 控制器组成

2. 输入

DC 控制器的主要输入部分如图 4-8、图 4-9 所示。图中标明了主要的控制信号和信号的电平。

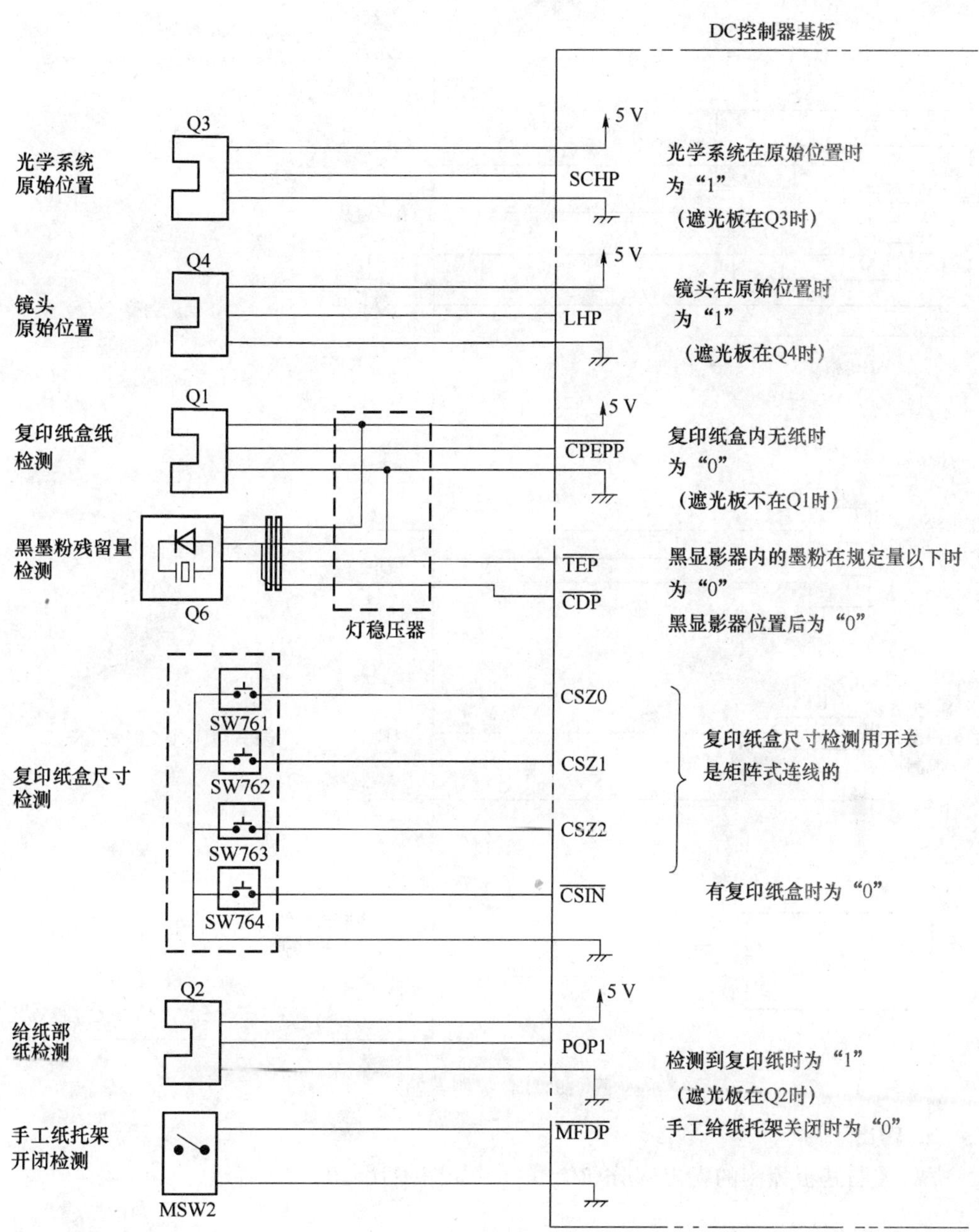

图 4-8　DC 控制器输入 1

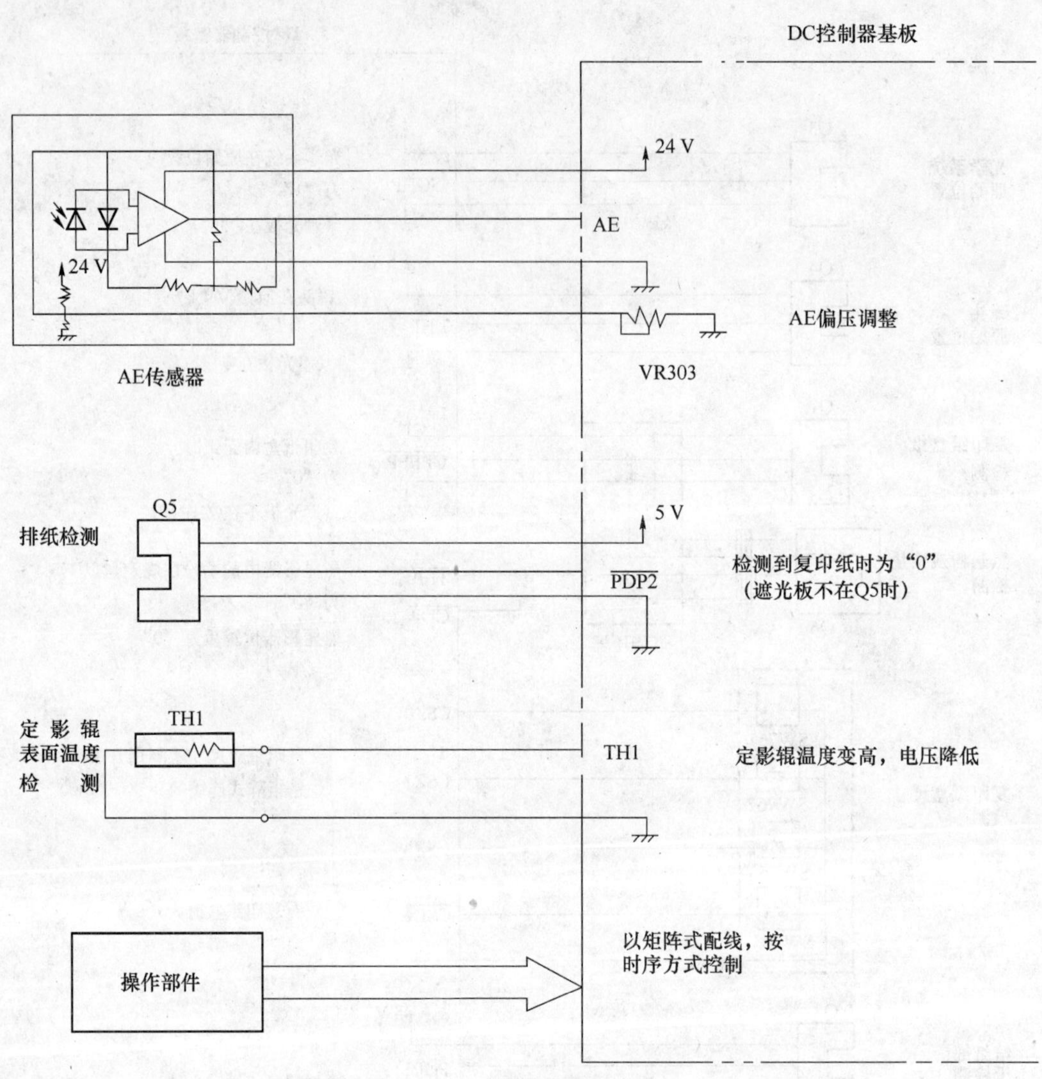

图 4-9 DC 控制器输入 2

3. 输出

DC 控制基板控制的输出部分和信号电平如图 4-10、图 4-11 所示。

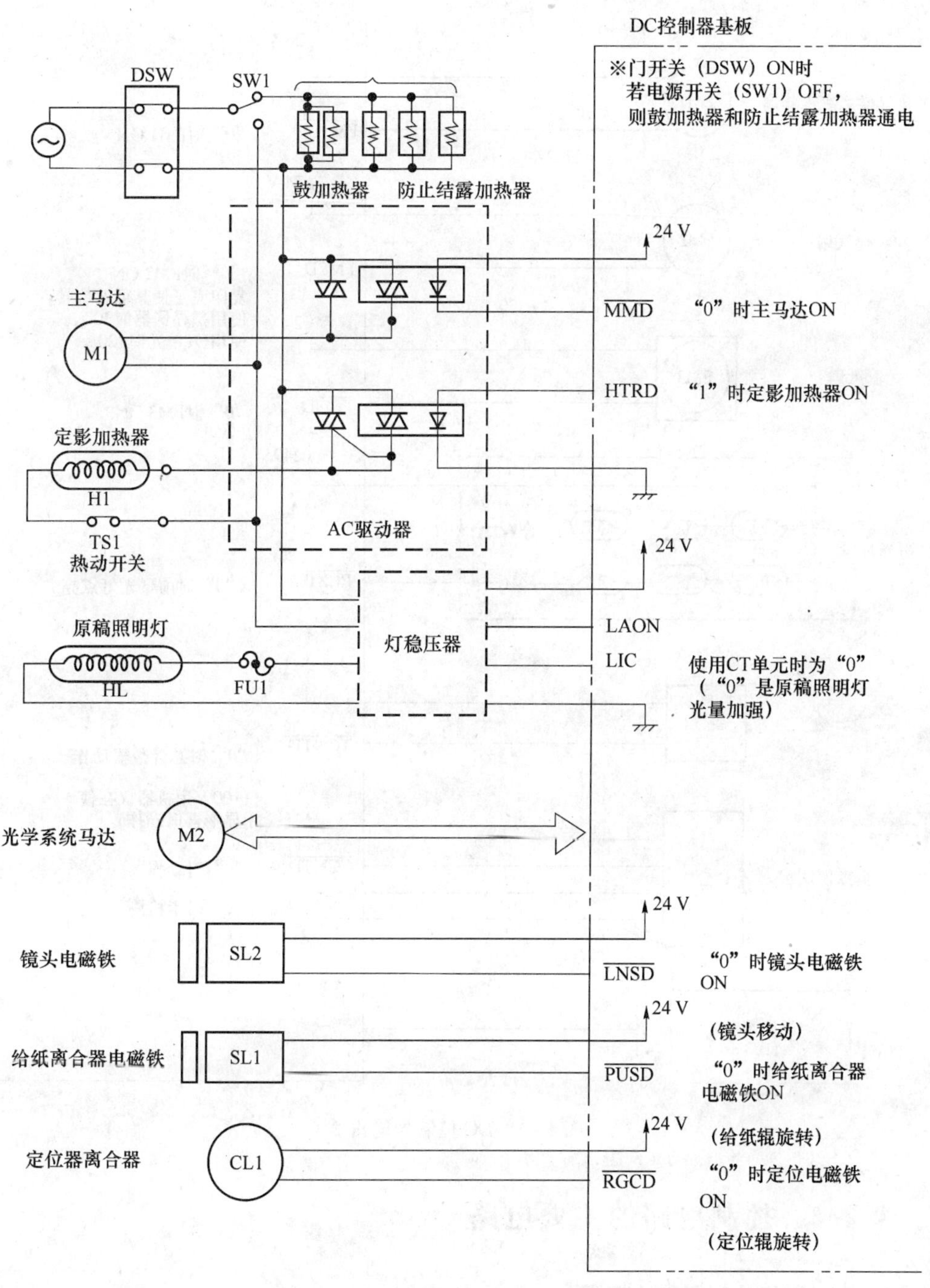

图 4-10 DC 控制器输出 1

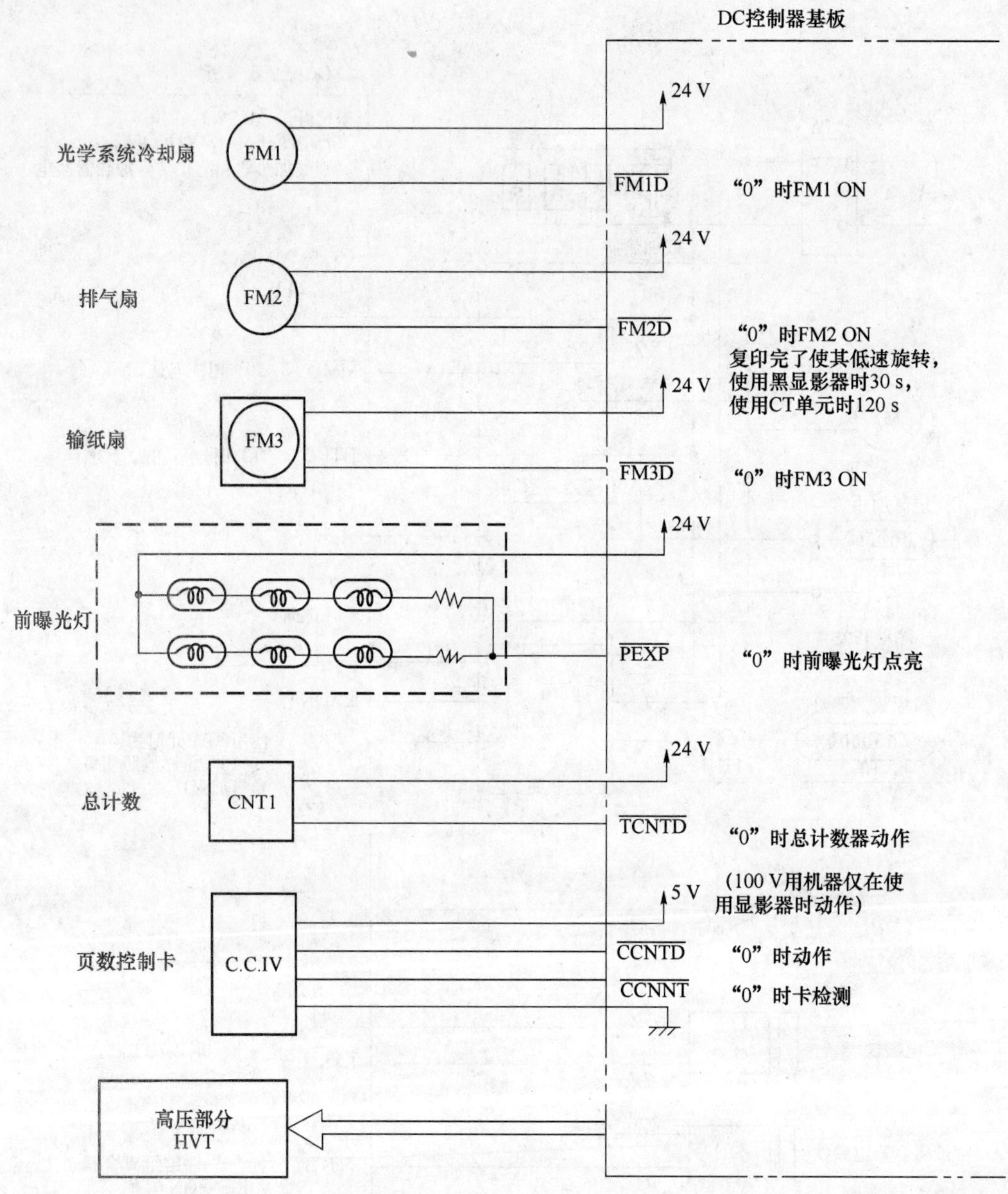

图 4-11　DC 控制器输出 2

4.2.2　控制电路的主要电路

1. 控制电路的实际电路框图

复印机的电子电路中主要包括 CPU、I/O、RAM 和驱动器等主要芯片，主要的电路有灯、马达和风扇等驱动电路，如图 4-12 所示。图中的芯片和具体电路将在下面进行详细讲解。

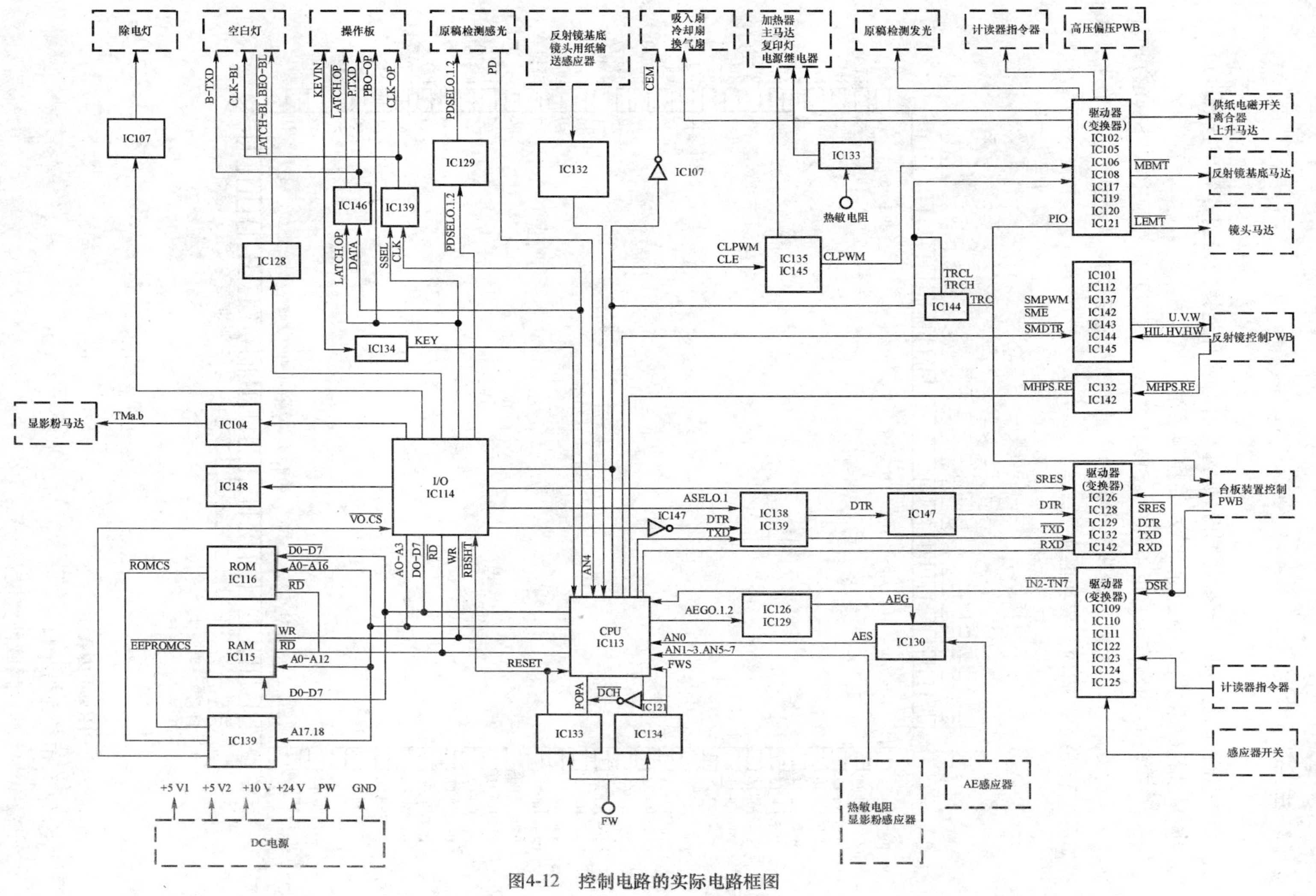

图4-12 控制电路的实际电路框图

2. 主要芯片

(1) CPU

CPU 在控制复印机各部件的同时,通过与各种部件连接的控制器和串行数据通信线缆能同步进行数据信号的发送和接收,并控制系统。

H8/570CPU 内藏有可自由编程的 ISP(INTELLIGENT SUB PROCESSOR),因而能高速执行专用命令,所以为能够强化定时功能和串行通信功能等定型功能的单片机,引脚如图 4-13 所示。它的主要功能如下。

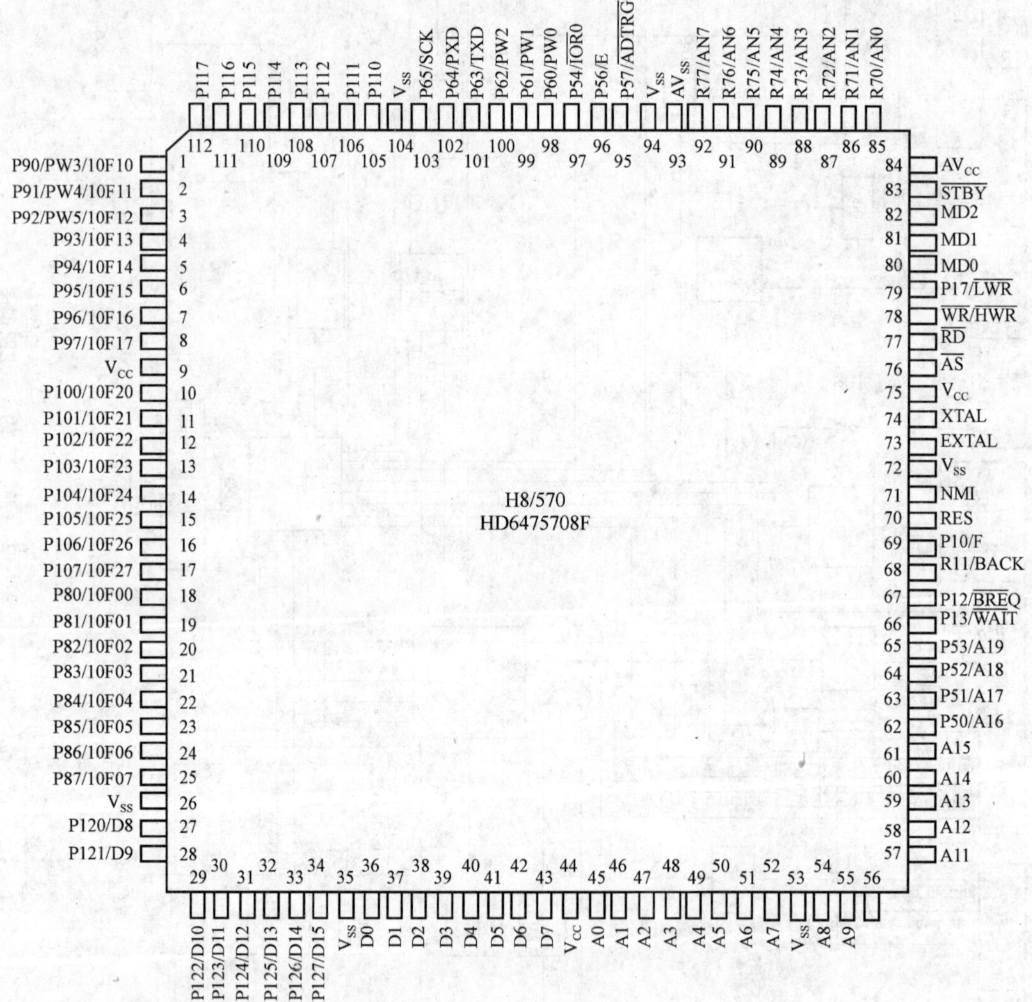

图 4-13　H8/570CPU 信号引脚图

① ISP(EPROM 内藏)。

② SCI(串行通信接口)。

③ PWM 定时器(脉冲宽度调谐)。

④ A/D 变换器。

⑤ 监视、开爪、定时器。

⑥ I/O 通道。

⑦ 2K 位内藏 RAM。

H8/570CPU 内部有 12 个通道，每个通道具有不同的功能；内部包含定时器、ISP、10 位 A/D转换器、PWM 定时器、RAM 和 H8/570CPU 指令内核等，其内部结构如图 4-14所示。详细的信号功能说明见表 4-2 中的信号引脚功能说明。

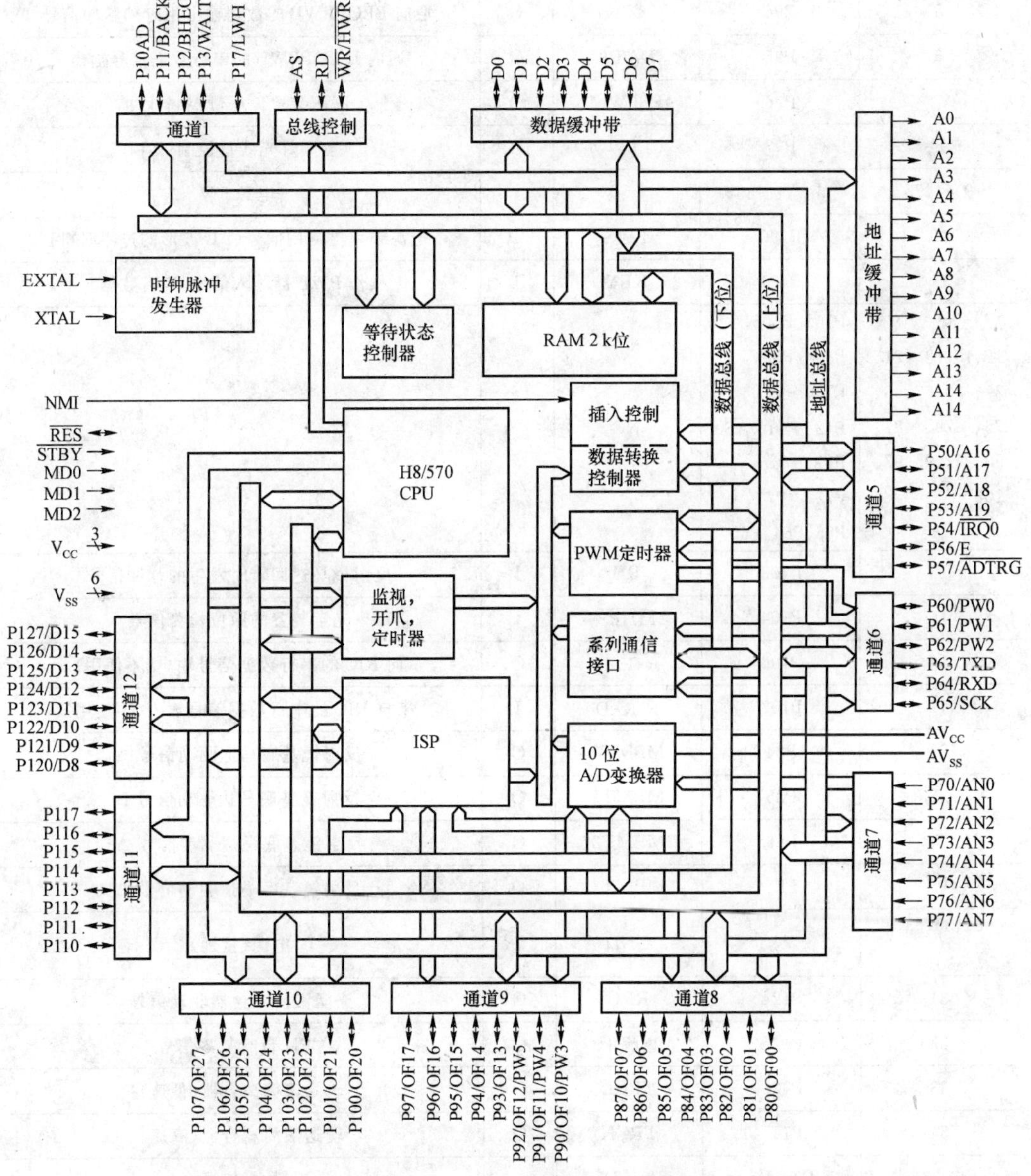

图 4-14 H8/570CPU 内部结构框图

表 4-2　H8/570CPU 信号引脚说明

引脚	通道	信号名称	I/O	信号功能描述
1	P90	LEMT0	O	镜头马达驱动信号 A
2	P91	LEMT1	O	镜头马达驱动信号 B
3	P92	LEMT2	O	镜头马达驱动信号-A
4	P93	LEMT3	O	镜头马达驱动信号-B
5	P94	CLK	O	通向 BLOPPWB 的数据输出用时钟脉冲信号
6	P95	DATA	O	通向 B LOPPWB 的串行数据信号输出
7	P96	BSPWM	O	高压装置偏压量控制脉冲
8	P97	CLPWM	O	复印灯光线量控制脉冲
9、44、75	V_{CC}	+5 V		电源 5 V
10	P100	FWS	I	电源频率检测用信号(AC 波形的过零时机)
11	P101	KEY	I	操作 PWB 键输入信号(串行数据)
12、15、18～21、 27～30、67、68、 76、 79、 87、 90～92、96、97、 103	P102、P105、 P80～P83、 P120～P123、 P12、P11、$\overline{\text{AS}}$、 P17、P72、 P75～ P77、 P56、P54、P65	NC		
13	P103	RE	I	反射镜马达回转时发生的脉冲信号
14	P104	$\overline{\text{MHPS}}$	I	光学装置的原位检测信号
16	P106	$\overline{\text{R-TXD}}$	O	向 RIC 的串行数据信号输出(不使用)
17	P107	$\overline{\text{R-RXD}}$	I	来自 RIC 的串行数据信号输入(不使用)
22	P84	MBMT0	O	反射镜基底马达驱动信号 A
23	P85	MBMT1	O	反射镜基底马达驱动信号 B
24	P86	MBMT2	O	反射镜基底马达驱动信号-A
25	P87	MBMT3	O	反射镜基底马达驱动信号-B
26、35、53、 72、94、104	V_{SS}	GND		电源(接地)
31	P124	RRC	O	光阻滚筒离台器驱动信号
32	P125	直流 H	O	CPU 自身复零信号
33	P126	TRCL	O	输送滚筒离合器(低速)
34	P127	TRCH	O	输送滚筒离合器(高速)
36～43	D0～D7	D0～D7		数据信号
45～52 54～65	A0～A7 A8～A19	A0～A7 A8～A19		地址信号(其中引脚 65 的 A19 未使用)

续 表

引脚	通道	信号名称	I/O	信号功能描述
66	P13	R-DSR	I	来自 RIC 的要求信号
69	P10	80	I	模拟操作 80 的输入用短路信号
70	$\overline{RES}$	$\overline{RESET}$	I	L 电平(0 V)时,呈复位状态
71	NMI	POFA	I	电源电压在稳定状态下呈 L 电平
73	EXTAL	EXTAL	I	时钟脉冲 8 MHz
74	XTAL	XTAL	I	时钟脉冲 8 MHz
77	$\overline{RD}$	$\overline{RD}$	O	ROM、RAM 和 I/O 数据的读出信号
78	$\overline{WR}$	$\overline{WR}$	O	ROM、RAM 和 I/O 数据的读入信号
80	MD0	GND	I	动作状态:控制信号
81	MD1	+5 V	I	动作状态:控制信号
82	MD2	+5 V	I	动作状态:控制信号
83	$\overline{STBY}$	+5 V	I	硬件待机状态信号
84	AV_{CC}	AV_{CC}	-	A/D 转换器的标准电源端子
85	P70	AES(AN0)	I	模拟输入信号(AE 感应器)
86	P71	TH(AN1)	I	模拟输入信号(热敏电阻)
88	P73	TCS(AN3)	I	模拟输入信号(显影粉浓度感应器)
89	P74	PD	I	模拟输入信号(原稿检测)
93	AV_{SS}	GND	-	A/D 变换器的接地端子
95	P57	$\overline{SMDIQ}$	O	反射镜马达反馈更换信号
98	P60	SMPWM	O	反射镜马达速度控制信号
99	P61	$\overline{MBHPS}$	I	第 4、5 反射镜基底原位检测信号(HP 时为 L)
100	P62	$\overline{LHPS}$	I	镜头原位检测信号(HP 时为 L)
101	P63	$\overline{D\text{-}TXD}$	O	向台板输出串行数据信号
102	P64	$\overline{D\text{-}RXD}$	I	输入来自台板的串行数据信号
105	P110	$\overline{PPD1}$	I	电源继电器控制信号,用纸输送感应器 1
106	P111	$\overline{PPD2}$	I	主马达用电源继电器控制信号,用纸输送感应器 2
107	P112	$\overline{IN2}$	I	主马达控制信号,开关检测选通脉冲信号
108	P113	$\overline{IN3}$	I	加热灯控制信号,开关检测选通脉冲信号
109	P114	$\overline{IN4}$	I	吸入马达控制信号,开关检测选通脉冲信号
110	P115	$\overline{IN5}$	I	冷却扇控制信号,开关检测选通脉冲信号
111	P116	$\overline{IN6}$	I	除电灯控制信号,开关检测选通脉冲信号
112	P117	$\overline{IN7}$	I	CPU 自身复位信号,开关检测选通脉冲信号

(2) I/O

I/O将来自CPU的数据(指令)变换为各部件的控制信号。TE7750为通用型接口,有9组(8位)输出/输入通道,可用程序内容和硬件来设定并行通道的输出/输入工作。I/O芯片TE7750的内部结构如图4-15所示,具体的信号引脚功能说明见表4-3。

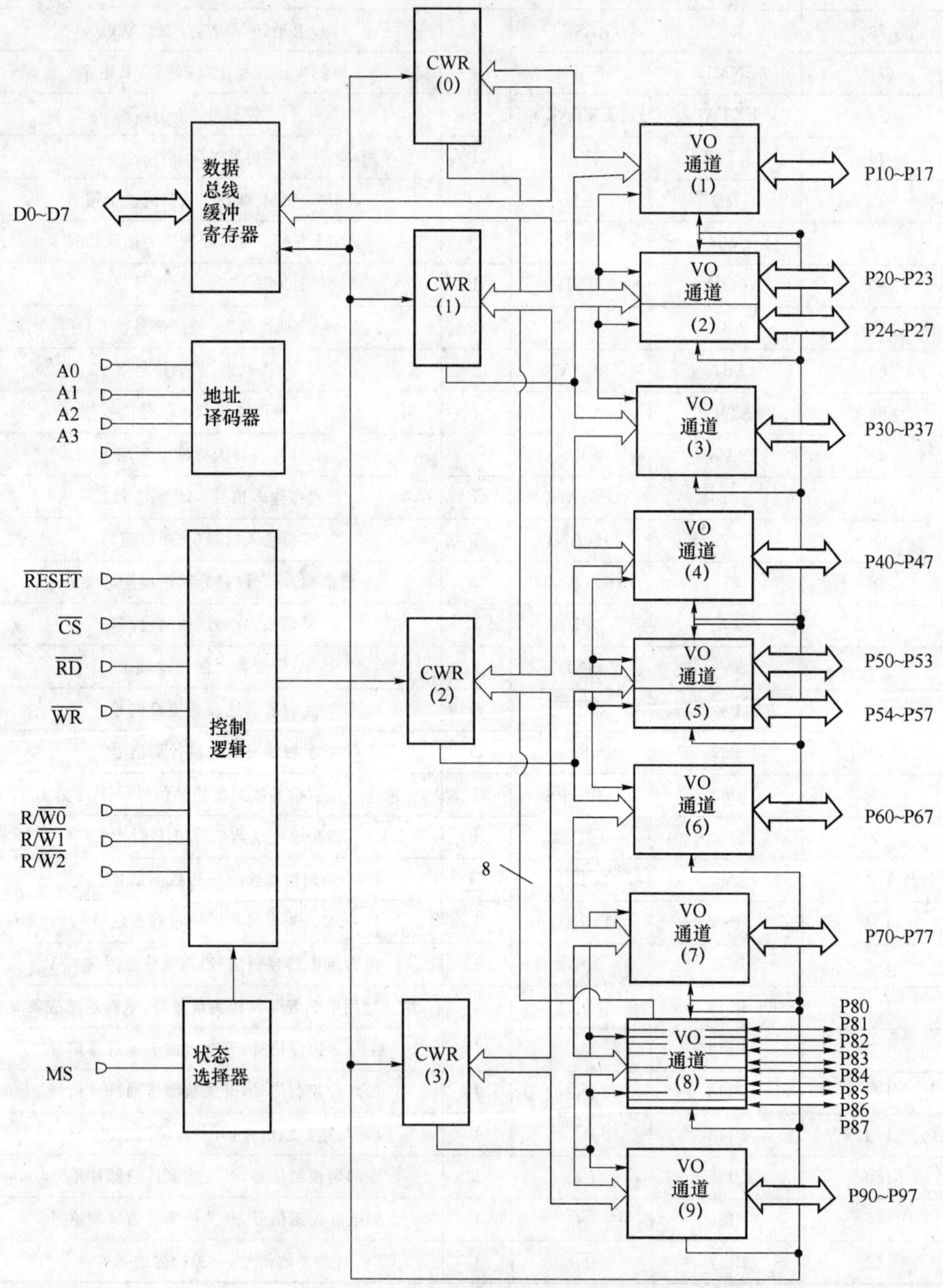

图4-15 TE7750内部结构方框图

表 4-3 TE7750 信号引脚功能说明

引脚	通道	信号名称	I/O	信号功能描述
1、15、31、45、61、75、91、104	V_{SS}	GND	-	电源(接地)
2、6、7、10、11、20、21、23、28、29、30、32、41、47、53、57、58、59、62、76、79、80、84、85、86、88、89、90、92、117、118、119				没有连接(NC)
3	MS	+5 V	I	状态选择(H 时为硬件状态②)
4	P10	LATCH-OP	O	向操作 PWB 输出数据时的闭锁信号
5	P11	LATCH-BL	O	向 BLPWB 输出数据时的闭锁信号
8	P14	BEO-OP	O	操作 PWB 输出驱动器打开/关闭控制信号
9	P15	BEO-BL	O	BL-PWB 输出驱动器打开/关闭控制信号
12	P40	AEG0	O	AE 增益更换信号
13	P41	AEG1	O	AE 增益更换信号
14、44、74、105	V_{DD}	+5 V	-	电源(5 V)
16	P42	AGE2	O	AE 增益更换信号
17	P43	SERS	O	从动 PWB 复零信号(不使用)
18	P44	Tma	O	显影粉补给马达驱动信号
19	P45	Tmb	O	显影粉补给马达驱动信号
22	P20	D-DTR	O	向台板输送信号时为 H,接收信号时为 L
24	P22	CLE	O	复印灯可以使用信号(H 时为启动)
25	P23	AU 直流 L	O	指令定时消除信号
26	P24	AU 直流 P	O	指令复印中信号
27	P25	PNC	O	个人计读器控制信号
33	P26	LED0	O	原稿尺寸检测用 LED 点亮信号
34	P27	LED1	O	原稿尺寸检测用 LED 点亮信号
35	P50	MHV	O	主加载高压输出控制信号
36	P51	THV	O	复印加载器高压输出控制信号
37	P52	SHV	O	分离加载器高压输出控制信号
38	P53	EX1	O	预备
39	P54	GR-SEL0	O	栅极偏压控制信号 0
40	P55	GR-SEL1	O	栅极偏压控制信号 1
42	P57	PR	O	电源继电器控制信号
43	P30	VMF1	O	通风扇马达控制信号 1
46	P31	VMF2	O	通风扇马达控制信号 2

续表

引脚	通道	信号名称	I/O	信号功能描述
48	P33	MM	O	主马达控制信号
49	P34	SFM	O	吸入扇马达控制信号
50	P35	MPFS	O	手动供纸电磁铁开关控制信号
51	P36	CPFS1	O	上段纸盒供纸电磁开关控制信号
52	P37	CPFS2	O	下段纸盒供纸电磁开关控制信号
54	P71	CPFC1	O	上段纸盒供纸离合器控制信号
55	P72	CPFC2	O	下段纸盒供纸离合器控制信号
56	P73	MMPR	O	主马达用电源继电器控制信号
60	P74	HL	O	加热灯控制信号
63	P75	LUM1	O	上升马达控制信号(上段)
64	P76	LUM2	O	上升马达控制信号(下段)
65	P77	PSPS	O	用纸分离电磁开关控制信号
66	P60	W0	O	开关检测选通脉冲信号
67	P61	W1	O	
68	P62	W2	O	
69	P63	W3	O	
70	P64	W4	O	
71	P65	W5	O	
77	P91	CFM	O	冷却扇马达控制信号
78	P92	SSEL	O	OR-BL 换接信号
81	P81	R-RTS	O	RIC 用 RTS(不使用)
82	P82	R-DTR	O	RIC 用 DTR(不使用)
83	P83	SME	O	反射镜马达可以使用信号(L 时为启动)
87	P87	MC	O	总计读器控制信号
93	P94	$\overline{\text{PDSEL0}}$	O	原稿检测光敏晶体管换接信号
94	P95	$\overline{\text{PDSEL1}}$	O	
95	P96	$\overline{\text{PDSEL2}}$	O	
96	P97	DL	O	除电灯控制信号
97	PW0	$\overline{\text{L-GND}}$	I	读写设定信号,设定各通道的输出/输入
98	PW1	$\overline{\text{L-GND}}$	I	
99	PW2	$\overline{\text{L-GND}}$	I	
100～103, 106～109	D0～D7	D0～D7	I	数据信号

续 表

引脚	通道	信号名称	I/O	信号功能描述
110～113	A0～A3	A0～A3	I	地址信号
114	RD	$\overline{\text{RD}}$	I	数据读出信号
115	WR	$\overline{\text{WR}}$	I	数据读入信号
116	VS	$\overline{\text{I/OCS}}$	I	芯片选择信号
120	RESET	$\overline{\text{RESET}}$	I	复位信号，在初期设定脉冲输入端子 L 电平时为初期状态

(3) RAM

RAM 记忆复印机动作时的必要各种设定数据、用纸堵塞原因和故障编号等。在电源打开和关闭后，RAM 和主 CPU 之间进行数据的转送。X28C64 为 8 KB 的 EEPROM，在 5 V 电源下工作。主要的特征是低功率 CMOS 动作且电流最大为 60 mA，全部数据记入时间为平均 0.625 s。RAM 芯片 X28C64 的引脚如图 4-16 所示，内部结构如图 4-17 所示，信号引脚功能说明见表 4-4。

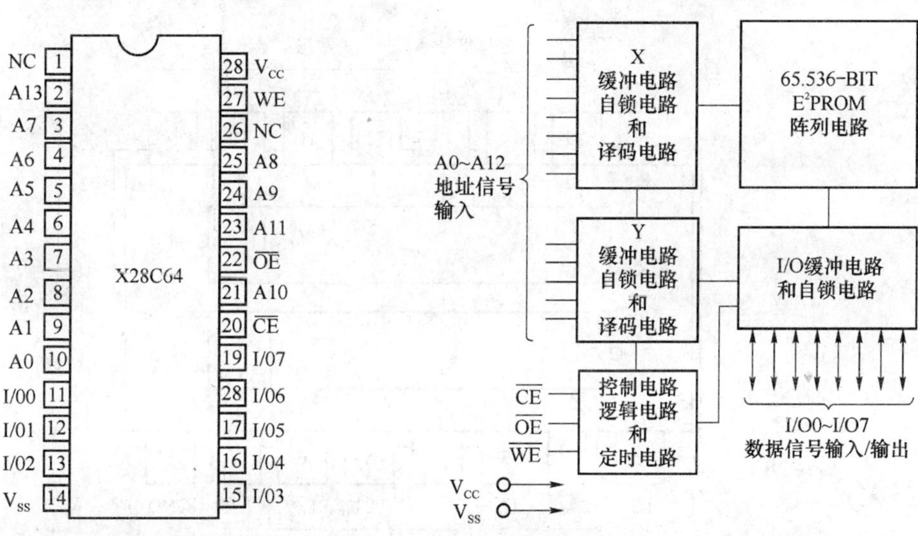

图 4-16 X28C64 信号引脚图

图 4-17 X28C64 内部结构方框图

表 4-4 RAM 芯片 X28C64 的信号引脚功能说明

引脚	I/O	信号名称	功能说明
1	-	NC	-
2	I	A12	地址信号
3～10	I	A7～A0	地址信号
11～13	I/O	I/O0～I/O2	数据信号
14	-	GND	GND

续表

引脚	I/O	信号名称	功能说明
15～19	I/O	I/O3～I/O7	数据信号
20	I	$\overline{\text{CS}}$	RAM 芯片选择信号，L 电平(0 V)时，RAM 被选定
21	I	A10	地址信号
22	I	$\overline{\text{RD}}$	读写信号在 L 电平时，CPU 读入 RAM 的数据
23～25	I	A11、A9、A8	地址信号
26	I	NC	-
27	I	$\overline{\text{WR}}$	写入信号，在 L 电平时(0 V)，从 CPU 将数据写入 RAM
28	-	V_{CC}	电源

(4) 译码器

本书中使用的译码器为 2 组 2-4 译码器，芯片引脚如图 4-18 所示。译码器的芯片选择信号主要根据地址数据(A17 和 A18)输出来控制，具体的控制电平见表 4-5；该译码器的驱动器芯片的时钟信号由选择信号(SSEL)来控制，具体的信号电平见表 4-6。

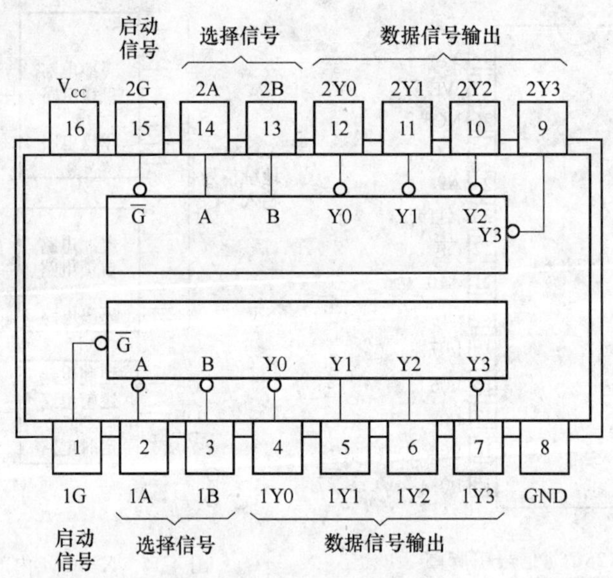

图 4-18 译码器信号引脚图

表 4-5 译码器输出芯片选择信号的控制电平表

启动信号电平	选择		输出		
GND	A17	A18	$\overline{\text{ROMCS}}$	$\overline{\text{I/OCS}}$	EEPROMCS
L	L	L	L	H	H
L	H	L	H	L	H
L	L	H	H	H	L

表 4-6 译码器输出驱动芯片的时钟信号时的控制电平表

启动信号电平	选 择		输 出
$\overline{CLK}$	SSEL	GND	CLK-BL
L	L	L	H
L	H	L	L

译码器内部分成两个相同功能的结构部分,每一路都有 2 输入(A、B)和 4 输出(Y0～Y3)构成的译码器,其中 G 为启动信号,控制输出状态,译码器内部结构如图 4-19 所示。

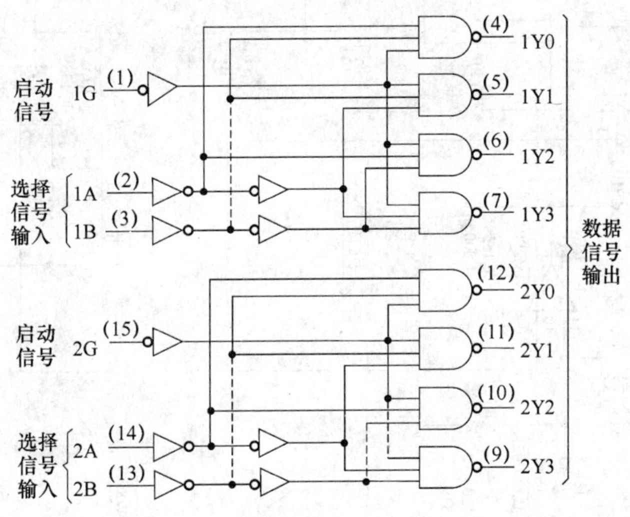

图 4-19 译码器内部结构图

作为译码器使用的场合,用 2 位 2 进制指定输入 1A 和 1B 后,对应此数值的输出 1Y0 和 1Y3 中的 1 输出电平为 L,其余部分都为 H。这时,使启动输入信号电平 G(引脚 15 和 1)保持为 L。E(15 引脚,1 引脚)为 H 时,无论 DA、DB 为什么数值,输出电平都为 H。表 4-7 是译码器的真值表,其中的 X 为 H 或 L 的任何一个。

表 4-7 译码器真值表

1G	1B	1A	1Y0	1Y1	1Y2	1Y3
H	X	X	H	H	H	H
L	L	L	L	H	H	H
L	L	H	H	L	H	H
L	H	L	H	H	L	H
L	H	H	H	H	H	L

3. 控制驱动电路

(1) 启动和停止控制电路

为检测电源的打开和关闭状态,并控制各电路动作的启动和停止的电路,由直流电源印刷电路板输出各电源电压(VB=＋24 V、VC=＋10 V、VD1=5 V、VD2=5 V)。

在电源电压到达规定电压时,各种电路开始动作,在达到规定电压以下之前,使各电路动作停止,以防止错误动作的发生,电路如图 4-20 所示。

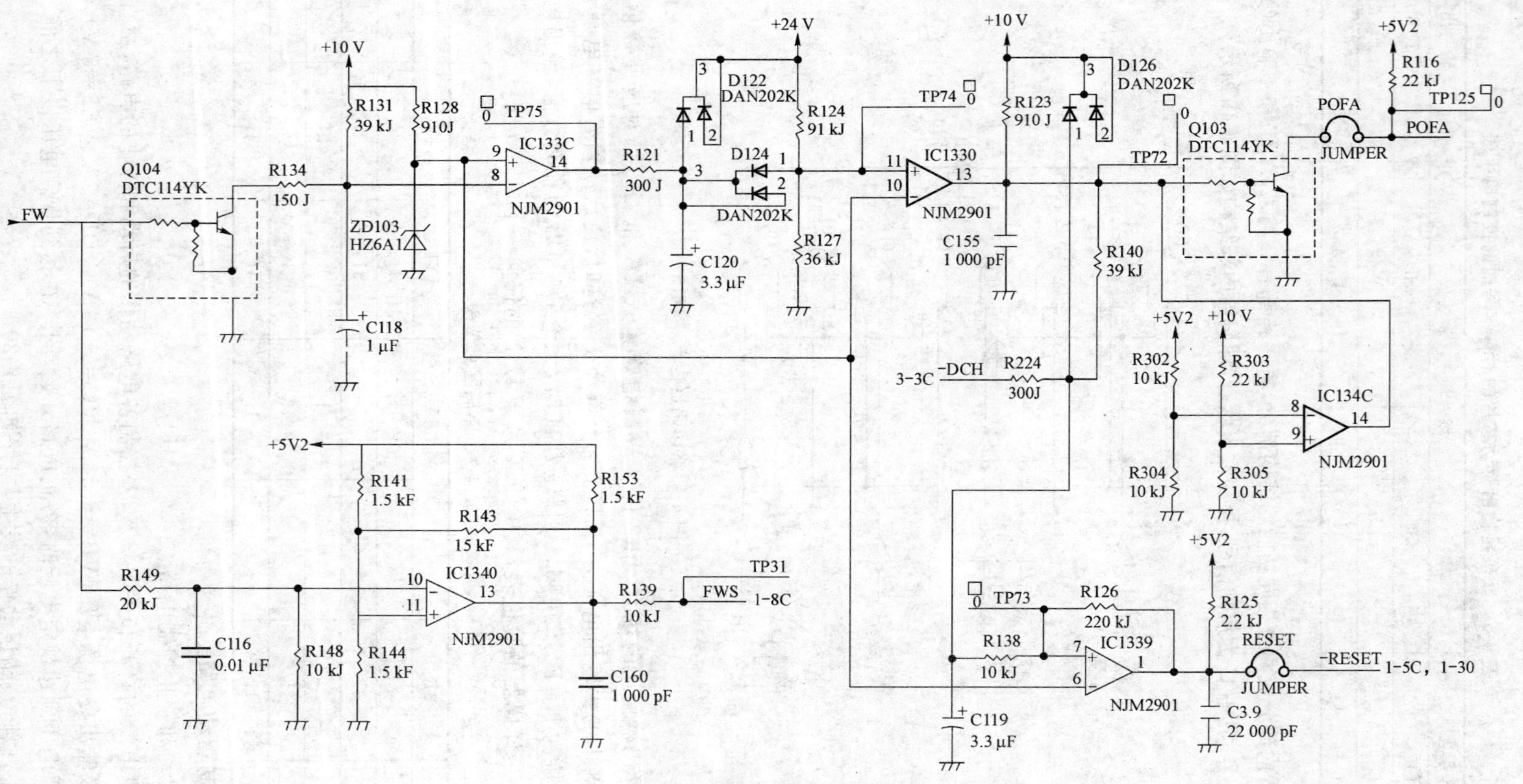

图4-20 启动和停止的控制电路

① POFA 发生电路(电源电压检测电路)

本电路为检测电源打开和关闭状态以及电源电压的电路。

直流电压低于规定电平时，各电路不能正常工作，特别是电源刚打开和电源刚关闭时，EEPROM(IC115)与 CPU(IC113)间进行着数据交换，VD1(+5 V)电源电压降低后，数据不能正常输送。

为防止这种状态，早期检测电源的开关状态，并通知 CPU，在直流电源电压可使机械正常工作时，进行 CPU 和 RAM 间的数据输送，并开始各电路的工作，在直流电源变为不能使机械正常工作前，将数据输送完毕，并停止各电路的工作。VD2(+5 V)的电压不降低时，CPU 和 EEPROM 间可进行数据输送。

本电路中将电源开关状态和直流电源电压状态传送给 CPU 的信号为 POFA。POFA在电源打开后，直流电源电压高于规定值时，变为 H 电平(+5 V)；在电源被关闭后，直流电源电压低于规定数值之前变为 L 电平(0 V)。

② $\overline{\mathrm{RESET}}$发生电路

$\overline{\mathrm{RESET}}$信号由电源电压检测信号(POFA)和 CPU 输出数据输送完毕信号($\overline{\mathrm{DCH}}$)构成，是直流电源电压在正常的范围下，使各电路动作的信号。

$\overline{\mathrm{RESET}}$信号在$\overline{\mathrm{POFA}}$为 H 电平时(+5 V)，被设定(动作可能状态)，$\overline{\mathrm{DCH}}$为 L 电平时(0 V)，被复位(动作停止)。

另外，$\overline{\mathrm{DCH}}$在$\overline{\mathrm{POFA}}$处于 L 电平时，CPU 向 EEPROM 输送数据，输送完毕后处于 L 电平。信号的时序和波形如图 4-21 所示。

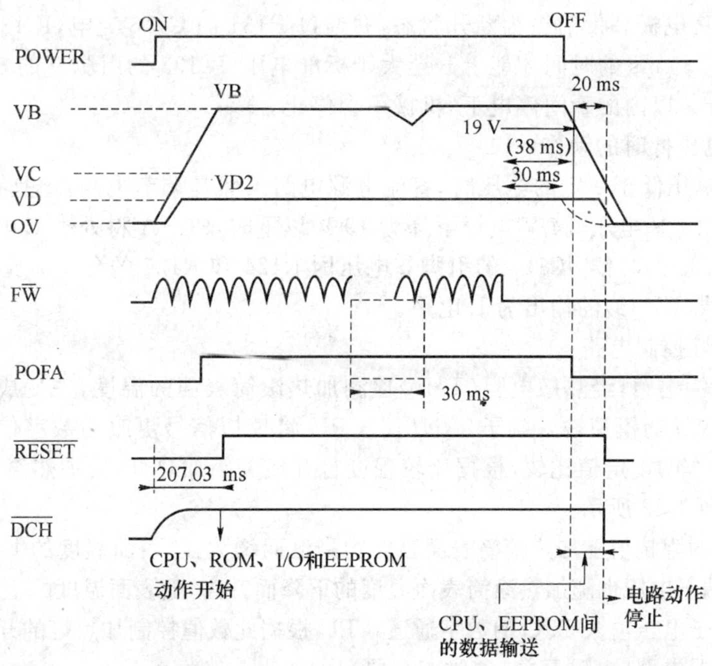

图 4-21 RESET 发生电路过程的信号时序和波形图

③ 电源打开时的动作

- 电源打开后 FW 立刻启动，因 Q104 集电极和发射极打开，IC133 的引脚 8 电压约为 0.736 V，比引脚 9(ZD103 的 5.2～5.5 V)低，所以引脚 14 呈断开状态。
- 比 FW 晚 16 ms，24 V 开始启动，经过 R124 和 D124 向 C120 充电，约经过 95 ms，IC133 的引脚 5 电压比标准电压 IC133 的引脚 4(ZD103 的 5.2～5.5 V)高，引脚 2(POFA)达到 H 电平。

④ 电源关闭时的动作

- 电源关闭后 FW 立刻启动，因 Q104 集电极和发射极打开，经过 R131 向 C118 充电，约经过 30 ms，IC133 的引脚电压比引脚 9(ZD103 的 5.2～5.5 V)高，所以引脚 14 呈 L 电平。
- IC133 的引脚 14 为 L 电平时，在 C120 被放电的同时引脚 5 电压变为 0.8 V，因此引脚 4(ZD103 的 5.2～5.5 V)低，引脚 2(POFA)变为 L 电平。

⑤ 瞬间停电的动作

- POFA 信号由 IC133 输出，因 5 V 和 10 V 电源启动时间的不同，POFA 信号有被错误输出的可能，所以 5 V 和 10 V 电源电压由 R302、303、304、305 和 IC133 监视，并由它们控制 POFA 信号。
- 在电源关闭时，有必要早期将 POFA 置 L 电平，但是过早进入 L 电平的话，在对机械动作无故障的瞬间停电时(30 ms 以下)机械将被迫停止，所以本电路将 AC 电源连续停止 30 ms 以上的情况判断为电源关闭状况，并使 POFA 处于 L 电平。
- 通电工作时，IC133 的引脚 8 为 L 电平，因瞬间停电时 FW 立刻变为 L 电平，所以 Q104 集电极和发射极为断开状态，并通过 R131 向 C118 充电，IC133 的引脚 8 电压需花 30 ms 的时间才能上升至大于标准电压(IC133 的引脚 9 的 5.2～5.5 V)。在 30 ms 以内的瞬间停电下，机械不会停止。

⑥ 电源电压低时的动作

AC 电源电压低于一定的电压时，直流电源电路虽然是调节电路，但是直流电源电压会下降。检测 24 V 电压，24 V 电压下降为 19 V 以下时，POFA 将处于 L 电平(0 V)。

在低于 19 V 的时候，IC133 的引脚 5 电压因 R124 和 R127 的分压而比标准电压的 4 引脚低，比较器(IC133)的输出为 L 电平。

(2) 加热灯控制电路

加热灯控制电路，经热敏电阻(TH1)检测加热滚筒表面的温度，并变成电信号，然后输入信号到 CPU 的模拟输入端子(AN1)。CPU 将模拟信号更改为数字信号，并与在测试指令模拟操作的设定值比较，根据比较程度打开或关闭加热灯，使加热滚筒表面保持一定的温度，如图 4-22 所示。

热敏电阻的阻抗值随加热滚筒表面温度的降低而增大，随表面温度的上升而减小。因此，热敏电阻端子电压也随加热滚筒表面温度的下降而升高，随表面温度的上升而下降。此热敏电阻的端子电压输入 CPU 的数字通道，CPU 根据此数值控制加热灯的开关。

(3) 驱动器电路(电磁开关、电磁离合器)

由 CPU 和 I/O 输出的各负载的控制信号，因不能直接驱动负载，所以通过驱动器芯片向各部件输出。

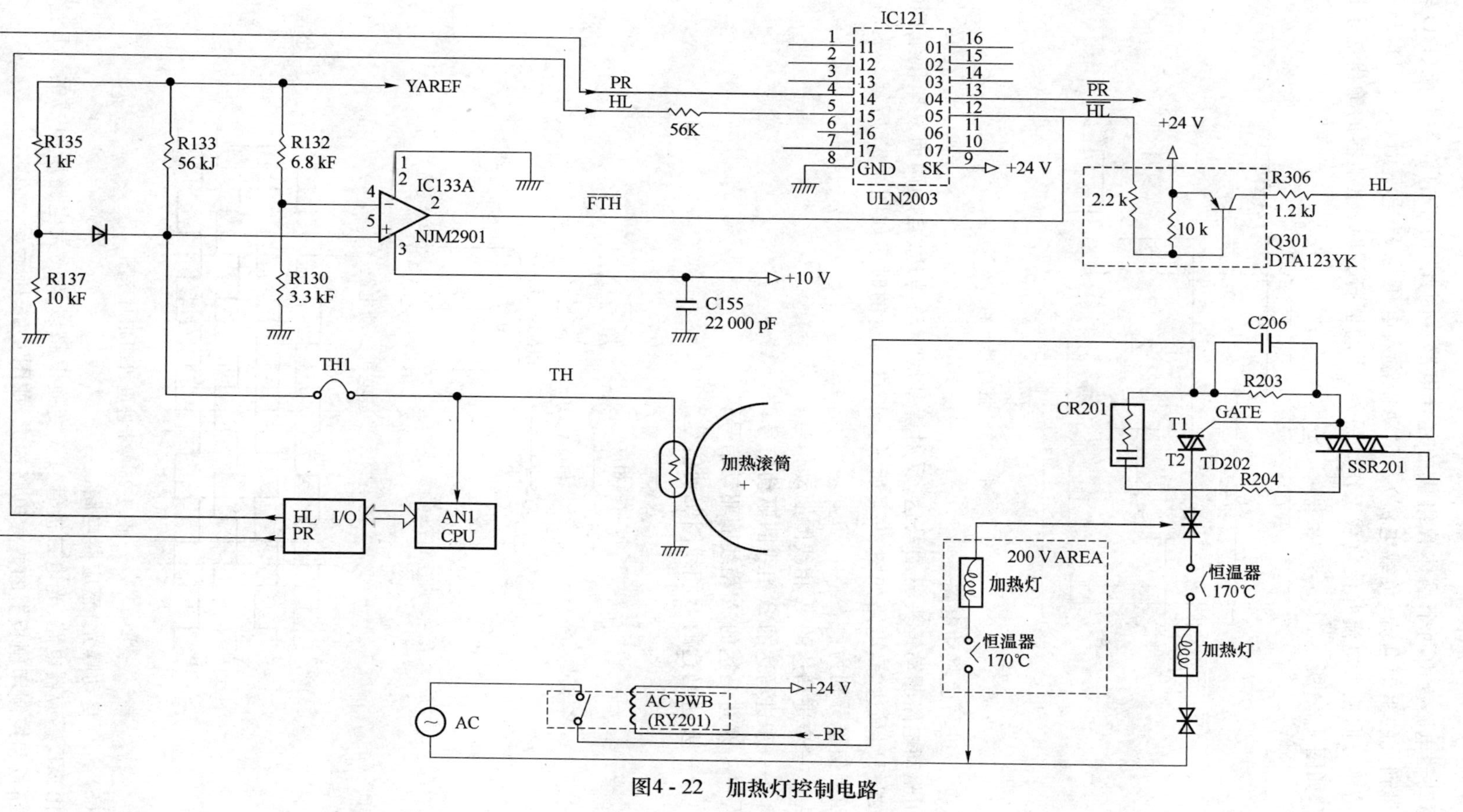

图4-22 加热灯控制电路

驱动器电路为由两个晶体管组成的复合电路。因此，由小的输入电流（I/O 输出电流）可得到大的驱动电流（负载电流）。驱动器输入电压为 H 电平时（+5 V），晶体管开通，向箭头方向流入电流并使负载工作。另外，驱动器打开时，驱动器的输出端子的电压为 0 V，如图 4-23 所示。

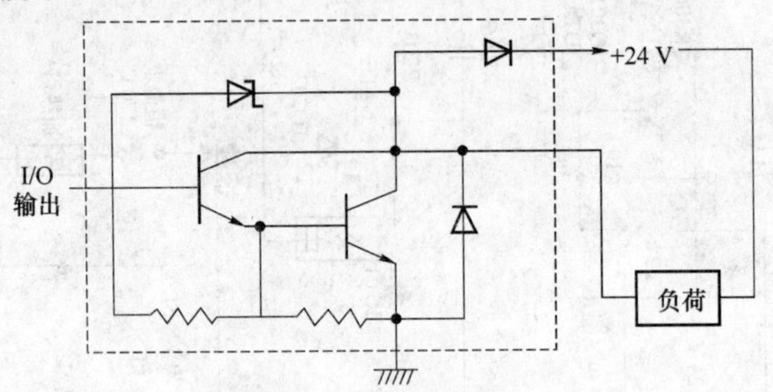

图 4-23　驱动器电路

（4）步进马达驱动电路

用驱动电路驱动镜头驱动马达、反射镜基底驱动马达、自动两面复印供纸侧板用马达、后端板用马达等，电路如图 4-24 所示。步进马达的时序如图 4-25 所示。驱动步进电机的四相信号分别为：

A ——步进马达的 A 相线圈驱动信号；

B ——步进马达的 B 相线圈驱动信号；

$\overline{A}$ ——步进马达的 $\overline{A}$ 相线圈驱动信号；

$\overline{B}$ ——步进马达的 $\overline{B}$ 相线圈驱动信号。

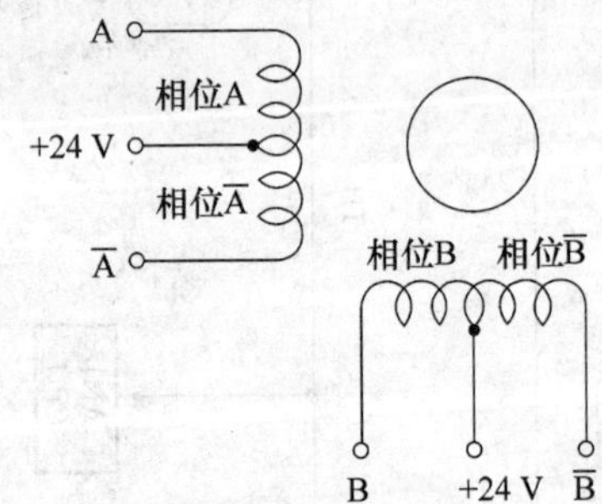

图 4-24　步进电机驱动电路

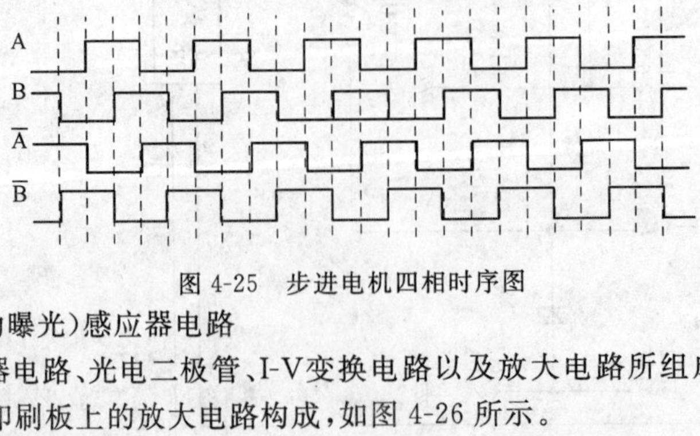

图 4-25　步进电机四相时序图

（5）AE（自动曝光）感应器电路

由 AE 感应器电路、光电二极管、I-V 变换电路以及放大电路所组成的 AE 感应器印刷电路板和控制印刷板上的放大电路构成，如图 4-26 所示。

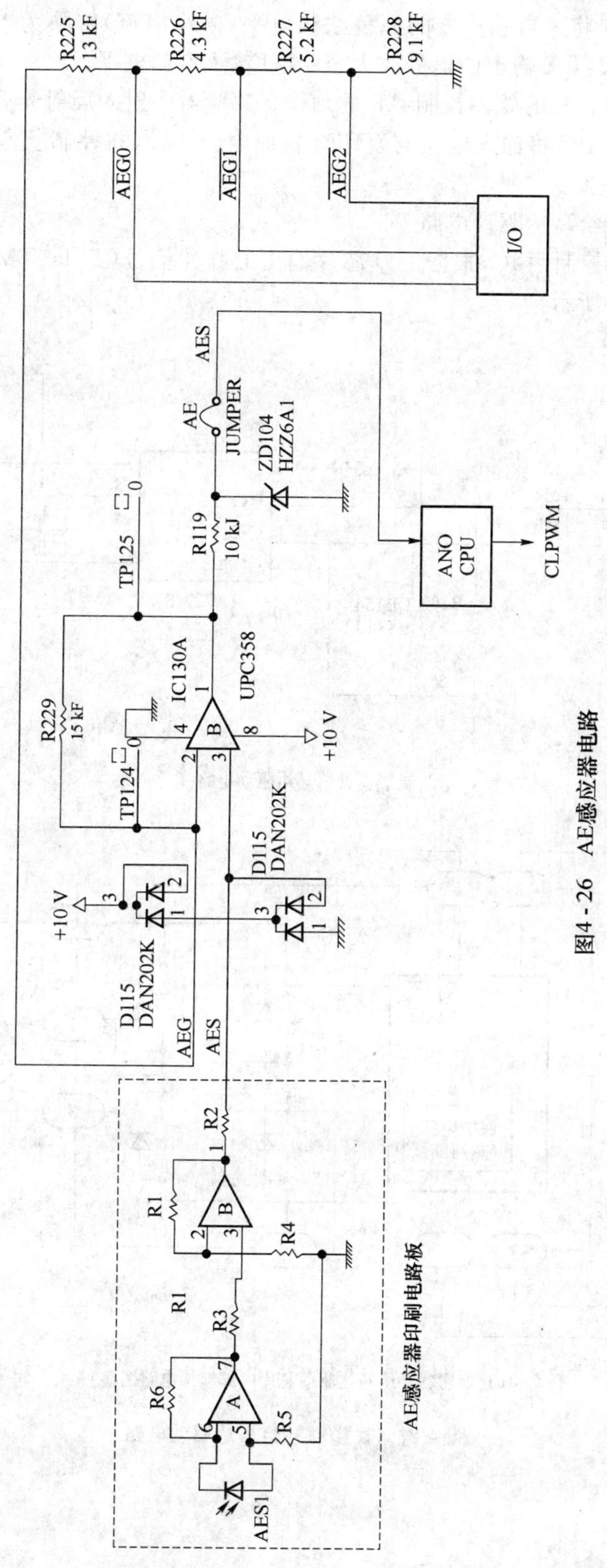

图4-26 AE感应器电路

运算放大器 A 将来自感应器的原稿浓淡电平(微小电流)转换为 I-V 运算放大器 B 和 C 将由运算放大器 A 输出的信号放大至 CPU 输入所需电平。

由控制印刷电路板的软件控制 AE 的动作。感应器中射入反射光后,向 CPU 输入对应光线量的电压,CPU 将输入电压与复印灯外加电压比较,并控制复印灯的电压使曝光程度与原稿浓度一致。

(6) 显影粉补给马达驱动电路

IC120 为马达控制用 IC,根据 I/O 芯片输出的脉冲信号(TMa、TMb)驱动显影粉补给马达,如图 4-27 所示。

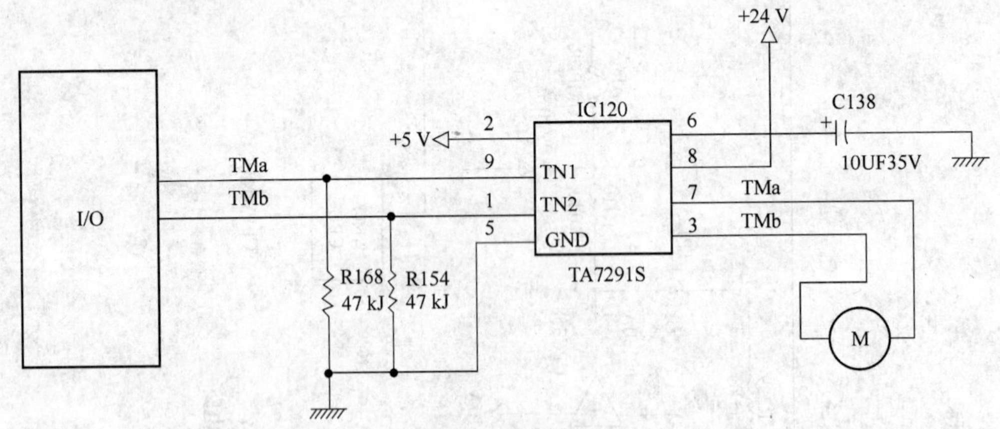

(a) 显影粉补给马达驱动电路

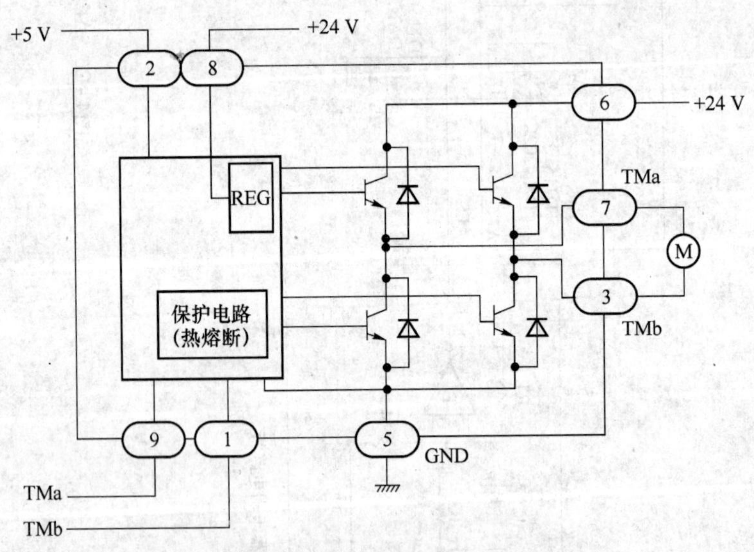

(b) 显影粉补给马达驱动芯片内部结构电路图

图 4-27 显影粉补给马达驱动电路

4. 操作部

操作电路由键控矩阵变换电路和表示电路组成，如图 4-28 所示。

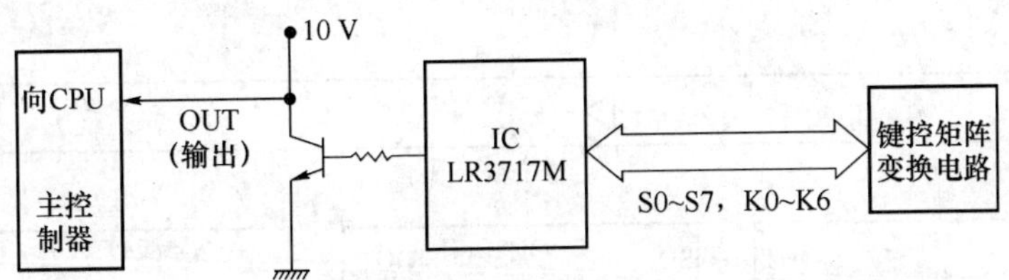

图 4-28　操作部电路框图

(1) 键的检测

使用键的检测专用 IC(LR3717M)，由 S0～S7 和 K0～K6 的矩阵变换电路检测，并通过串行接口输送至 CPU，如图 4-29 所示。

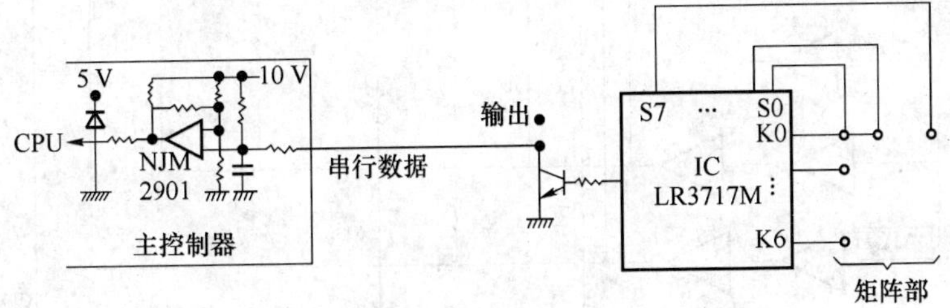

图 4-29　键的检测

发送方式为 PPM(脉冲、状态、调谐)，使用 15 位的数据脉冲信号，PPM 发送为用“0”和“1”区别脉冲幅度的方式，如图 4-30 所示。

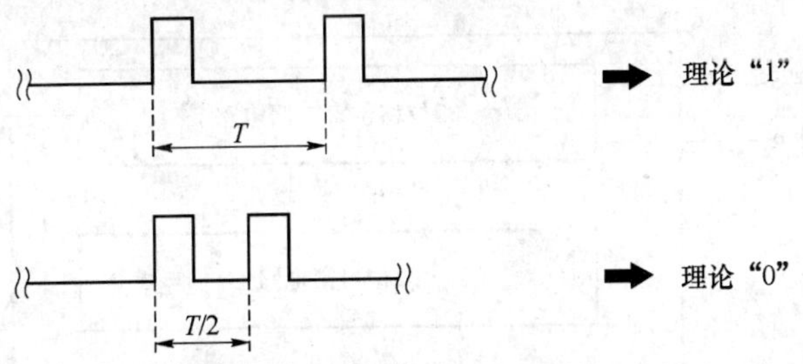

图 4-30　PPM 方式下的 0 和 1

由图 4-30 所示，脉冲间隔为 T 的时候，判断为理论“1”，$T/2$ 的时候，判断为理论“0”。将此作为 15 位信号(脉冲)进行串行发送。

(2) 表示部电路

表示部电路由主控制电路的数据信号以及控制信号构成，其框图如图 4-31 所示。图 4-32 是 32 位控制器方框图。

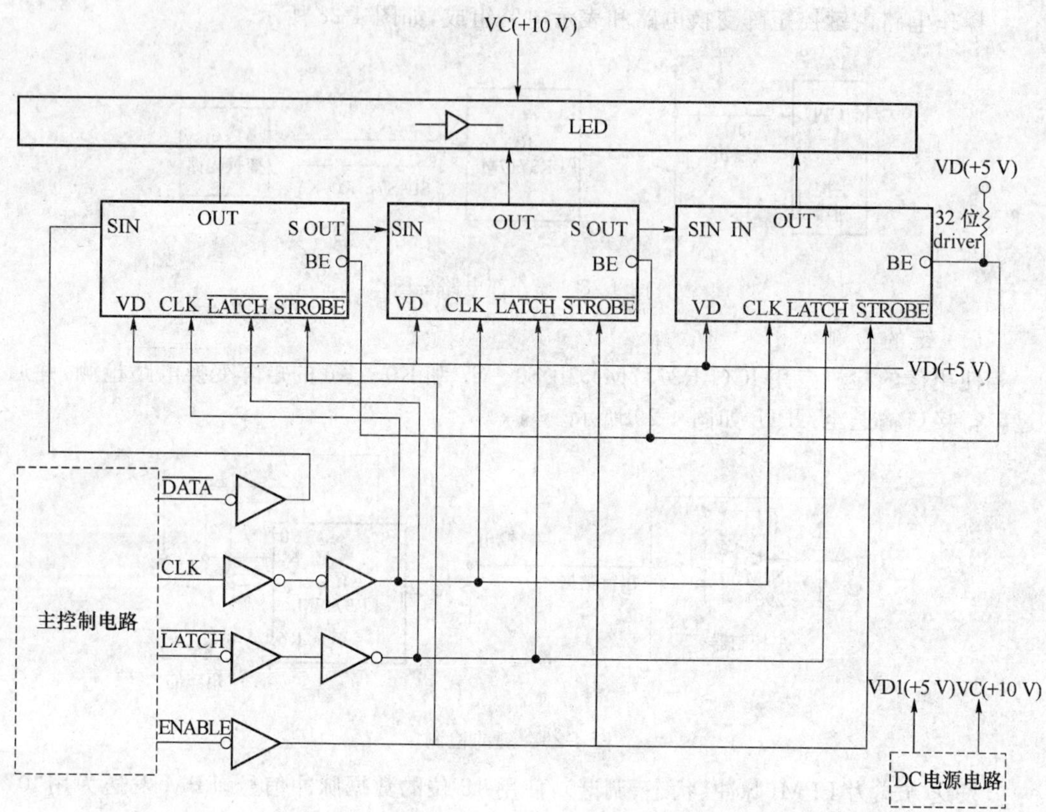

图 4-31　表示部电路框图

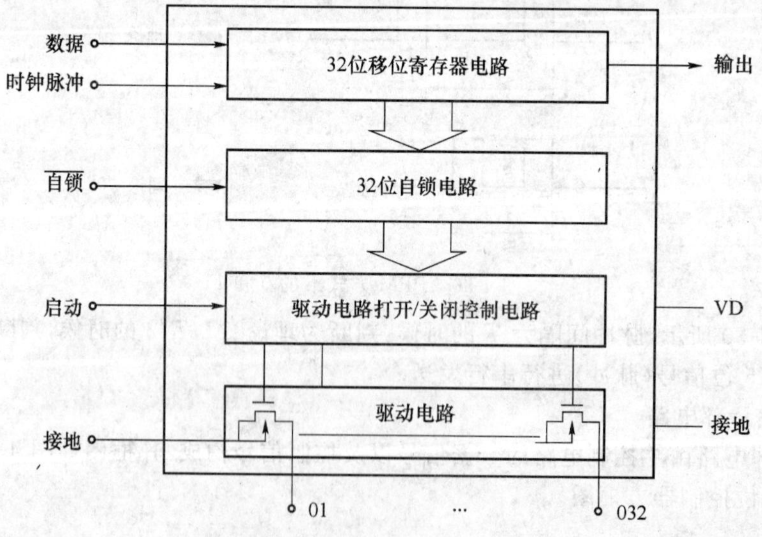

数据
时钟脉冲
32位移位寄存器电路
输出
自锁
32位自锁电路
启动
驱动电路打开/关闭控制电路
VD
驱动电路
接地
接地
01
…
032

图 4-32　32 位控制器框图

4.2.3 故障案例

1. 故障一

故障现象：施乐 XEROX 1027 复印机，机器停止工作并显示“L8”状态码。

故障分析：“L8”状态码的含义是稿台玻璃温度过高，即稿台玻璃热敏电阻检测到稿台玻璃温度高于 50℃。从故障现象看，测温器件是好的，应重点检查稿台玻璃温度控制电路和光学冷却风扇组件及其相关电路。

检测过程：当“L8”状态码出现时，机器停止了工作，但光学冷却风扇不运转，因此可初步判定是光学冷却风扇及其有关电路有问题。输入诊断代码 10、复印键、1，对光学冷却风扇进行测试，结果光学冷却风扇仍不运转；按“停止/清除”键，取消功能代码 1，用万用表测P57-10与 P57-3 两端电压为 100 V AC，则说明光学冷却风扇 100 V AC 供电正常；再输入功能代码 1 并按复印键，用万用表测 P4-14 电压时为＋24 V DC（正常应为 0 V DC），这说明主控制板有问题，因此应检查主控制板上接口电路 U6(8255)、U38(74LS04)及 U41(7406N)。在诊断/非诊断状态下，用逻辑笔分别测试 U38 的 13 脚，其电平有高低变化，而 12 脚无任何变化，说明 U38 损坏。更换 U38 后故障排除。

注意事项：就是当“L8”出现时机器停止工作，但光学冷却风扇仍运转，使光学系统冷却，直到“L8”消除，不要采用关机冷却的方法，这样等待时间较长。

2. 故障二

故障现象：施乐 XEROX 1027 复印机，复印品前端有 2～3 mm 的黑条。

故障分析：这种故障现象是较为常见的，造成该故障现象发生的主要原因有两个：一是原稿定位指示灯电路板下面所粘贴的白色塑料片被完全污染，应检查清洁；二是像间/像边缘消电灯及其电路有问题。

检测过程：首先打开稿台玻璃，对原稿定位指示灯电路板下面的塑料片进行清洁，故障现象仍然存在。然后输入诊断代码 9-2，打开前门，用手头的工具接通连锁开关并按复印键，发现像间/像边缘消电灯中间段不亮，在此诊断状态下，用万用表测 P3-33～37 各端电压均为 0 V DC，属正常，因此问题很可能出在像间/像边缘消电灯电路板上，该电路板装在硒鼓组件上的蓝色塑料把手内，经检查是该电路板上的厚膜电路损坏，更换该电路板后，故障排除。

3. 故障三

故障现象：施乐 XEROX 1027 复印机，开机无任何动作和显示即死机。

故障分析：造成死机现象的原因很多，但无外乎两种可能性。一是低压电源故障或其他电路短路而造成低压电源自动保护，正常情况下，开机后 CR4、CR5 常亮，即说明低压电源输出的＋24 V DC 和＋5 V DC 正常，否则 CR4、CR5 将保持熄灭状态；二是主控制板自诊电路故障或微处理器工作不正常，这部分电路主要由 U1(D7810CW 微处理器)、U2、U3(在先前生产的机器中，U2、U3 是 27128，后期生产的机器中仅由一片 27256 代替)、U4(8417RAM)、U5(74LS373)、U12(74LS139)、U13(74LS74)、U15(RST519)、U17(74LS32)、U18(74LS11)、U19(74LS08)、U20(74HC00)、U34(74HC14)、U36(74HC14)、HY2 厚膜电路、永久记忆电池及其他分立元器件组成，该部分的任一集成电路或厚膜电路损坏均可造成自检失效，产生死机现象。正常情况下，CR2 开机后一闪即灭，即说明微处理器、EPROM、RAM 及自诊逻辑电路正常，+5 V DC 电源和+24 V DC 电源正常，同时则产生一个整机复位信号，否则 CR2 开机后将常亮，因此对该部分的电路应进行全面检查。

故障检测：打开机器后盖，开机观察 CR4、CR5、CR2 三个发光二极管，可能会出现两种结果。一个是 CR4、CR5 常亮，这说明低压电源输出的+24 V DC 和+5 V DC 电压正常，CR2 在开机瞬间一闪即灭而后常亮，则说明自诊电路有问题；另一个是开机后，CR4、CR5 均不亮，这说明低压电源输出有问题。下面就分别浅述不同情况下的故障排除方法。

(1) 开机后 CR4、CR5 常亮，CR2 开机瞬间一闪即灭，自诊电路有问题。为了快速确定是微处理器的问题还是其外围电路的问题，首先对 U18 的第 6 脚进行检测，正常时该脚为低电平，如果该脚为高电平，在确保 U20、U17 良好的前提下，可以判定是微处理器工作不正常或损坏。那么对 U18 的第 6 脚进行检测，结果该脚为低电平，则说明微处理器的外围电路有问题。然后再对 U19 的第 11 脚进行检测，结果该脚为低电平，正常时应为脉冲信号，测第 12 脚为脉冲信号，属正常，那么第 13 脚肯定应为低电平，经测试果然如此；测 U39 的第 3 脚为高电平，说明 U39 是好的；测 U12 的第 5 脚为高电平，正常应为脉冲信号，而第 1、2、3 脚的 3 个输入信号为脉冲信号，属正常，这说明 U12 的第 5 脚输出有问题，可以判定是 U12 损坏。更换 U12(74LS139)后开机，机器恢复了正常工作。

(2) 开机后，CR4、CR5 均不亮，低压电源无输出。首先应进行检查分析，划分出故障范围，否则将无从下手。复印机与其他机器有所不同，除电路板多外，连线多、连线长、分支多，另外，出现故障时整个机器无动作、无显示，不能提供任何状态信息，因此，只有划分出故障范围，才能对故障进行有效的分割和定位，最终找出故障点。那么如何正确判断故障范围呢？其方法是：拔掉主控制板上除低压电源供电外的所有插头，开机观察主控制板上的两个绿色发光二极管是否点亮。若点亮，则说明低压电源有故障，也可能是机器电路中存在短路点，否则，可能是低压电源有故障，也可能是主控制板有故障，还应做进一步的检查、判断。断开低压电源对主控制板的供电，开机对低压电源进行检测，若无输出，则说明低压电源有故障，否则说明主控制板上电源对地有短路点。关于主控制板上电源对地短路是不多见的，但也有可能，比如 C7 或 C25 击穿等，因此，主控制板上电源对地短路故障在此就不冗述了。下面就低压电源故障和机器电路中存在短路点做一浅述。

① 低压电源故障

该电源是一个精密开关电源，根据多年的维修实践，低压电源故障一般是 CR5 (C93-02)整流块或 Q2(C3261)开关管击穿损坏，两者的故障现象是相同的，即电源保护无输出，更换损坏件后故障排除。值得注意的是这种故障一般都是人为所造成，比如机械传动被卡死后而造成+24 V DC 短路，因此还应彻底排除机械故障或电路中的短路点。

② 机器电路中存在短路点

除给主控制板供电外，把主控制板上及其他部位可插拔的低压插接件全部断开，开机后主控制板上的 CR4、CR5 点亮，说明低压电源和主控制板工作正常。关机，首先恢复操作面板接口插接件 P/J2,开机面板有显示,然后逐个接通其他插接件,每接通一个开机一次,观察面板是否有所显示,当接通 P/J46 插接头开机时面板无显示,则可断定短路点就在与 P/J46 相关的连线及部件上,经检查发现短路点在像间/像边缘消电灯控制板上,排除短路点后,机器恢复正常工作。

4. 故障四

故障现象:施乐 XEROX 1027 复印机,纸张卡在输纸传送带上,同时机器显示"E3-3"状态码。

故障分析:造成该故障现象一般有 3 种可能性,一是传送皮带老化松弛,在运转过程中传送皮带不动或时停时动,应检查传送带运转是否正常;二是真空风扇不转或常处于低速运转(真空风扇是一个直流电机,在复印过程中以高速运转,在待机状态下以低速运转,也可设定为中速运转,这是由主控制板所控制的),应检查真空风扇组件及相关电路;三是抽真空气流通道阻塞,应检查臭氧过滤器及真空风扇罩是否严重漏气。

检测过程:根据上述分析,首先开机,发现真空风扇不转,输入诊断代码 10-2 并按复印键,真空风扇仍不转,在此诊断状态下,用万用表测 P4-13 电压为+24 V DC(此时应为 0 V DC),说明主控制板有问题。在诊断/与非诊断状态下,用逻辑笔分别对主控制板的 U41(7406N)第 5 脚进行测试并有高低电平变化,当对第 6 脚测试时,发现该脚始终为低电平,因此可判定 U41 损坏。更换 U41 后故障排除。如果当手头没有 7406N 这种芯片时,也可用 74LS06 代换。

另外,对 XEROX1027 维修手册中关于真空风扇和回缩电磁铁所使用的直流工作电压作以修正,真空风扇使用的是低压电源的+24 V DC 开关,而不是+24 V DC;回缩电磁铁使用的是低压电源的+24 V DC,而不是+24 V DC 开关。

5. 故障五

故障现象:施乐 XEROX 1027 复印机,100%复印时,复印品图像纵向拉长且发虚。

故障分析:根据施乐 1027 复印机工作原理,硒鼓的转速是恒定的,即主电机的转速是恒定的,图像的纵向放大/缩小是由灯架扫描速度来改变的,也就是通过改变灯架电机转速来实现的。两种电机使用的电源均为+24 V DC 开关,其转动方向和运转速度是通过主电路板及各自电路板进行控制的。对电机而言,施加于其绕组的电压高,则运行速度高,反之则运行速度低。那么,针对该故障现象进行分析,有两种可能性,一是灯架电机运行速度低于规定值,二是主电机运行速度高于规定值,因此,应对灯架电机、主电机组件及相关电路进行全面检查。下面就分两种情况分别浅述故障排除方法。

检测过程:灯架电机运行速度低于规定值。根据故障现象初步判断,灯架电机电路板工作良好,问题很可能在主电路板上。灯架电机的运行是由主电路板上发出的信号控制的,主电路板输出 4 个控制信号至灯架电机电路板:灯架电机工作+5 V DC 时钟脉冲,P3-20;灯架扫描(H)+5 V DC,灯架回程(L)+5 V DC,P3-26;灯架电机驱动(L)+5 V DC,P3-25;速度控制脉冲,P3-18。其中,灯架电机工作+5 V DC 时钟脉冲是灯架电机电路板的基准时钟信号,如果没有这个信号,灯架在任何工作方式下,都会因移动过慢而造成复印品图像被拉长现象,因此,应首先对该信号进行检测。在机器处于工作状态的同时,用逻辑笔测试 P3-20,结果该端为高电平,正常应为+5 V DC 脉冲,这说明主电路板的 U30 的第 14 脚输出有问题,同样,在机器处于工作状态的同时,对 U30 的 6 脚进行检测,结果为脉冲信号,属正常,这就说明 U30 这个芯片有问题,更换该芯片(74LS244)后,故障排除。

主电机运行速度高于规定值。主电机是该机的主要驱动单元,所承担驱动的部件多,常处于较重负荷工作状态中。而主电机电路板的驱动元件主要是功放三极管和大功率二极管,它们在运行中一直处于大电流的冲击和大电流工作状态,故损坏率较高,其损坏特点是短路,因此应重点检查主电机电路板的驱动部分。主电机正向运转时,其电流流向为+24 V DC→Q8→D7→P16-4→主电机→P16-5→D8→Q11→R55→GND,顺着这条线仔细检查,当检查到 Q11 时,其 E-C 间短路,已失去了电压控制能力。更换 Q11(D1608)后,故障排除。D1608 是达林顿管(其参数是:P:50 W;I:8 A;U:80 V),市场上不易买到,可用其他参数相同或接近的功率管进行代替。

6. 故障六

故障现象:施乐 2080 型复印机,接通复印机电源开关后,等待灯不亮,不能进入预热和等待状态。

故障分析:电源电路或者控制电路故障。

检测过程:根据现象,仔细检查各相关部件,发现墨粉收集器风扇电动机 MOT21 的接触电刷已严重磨损。更换风扇电动机 MOT21 的电刷后试机,故障排除。

注意事项:风扇电动机 MOT21 是交流串励式电动机,其内部装有一对电刷,电压通过电刷加到转子上,电刷与转子接触的压力靠电刷上的弹簧提供。

7. 故障七

故障现象:施乐 2090 型复印机,上层曝光灯不亮,下层曝光灯正常。

故障分析:故障原因可能是曝光灯本身损坏,或者是曝光灯驱动电路故障。

检测流程:试将上、下曝光灯进行对调,发现上层曝光灯仍不亮,由此判断故障出在控制电路。用万用表进行检测,发现接插件 J421 的第 6 脚和第 12 脚之间的电压不正常。沿路检查发现接插件 J419 的第 6 脚虚焊,经重焊后,上、下曝光灯均点亮,但频闪严重。进一步对镇流电路进行检查,发现缓冲电路上一只 120 Ω/2 W 电阻更换后试机,故障排除。用一只 120 Ω/2 W 电阻更换后试机,故障排除。

8. 故障八

故障现象:施乐 2090 型复印机复印件全黑。

故障分析:引起此类故障的原因主要有:

(1) 曝光灯不亮;

(2) 电晕器不良,反极性充电失效;

(3) 光学系统工作不正常;

(4) 感光鼓损坏或接地不良。

检测过程:开机复印,观察发现扫描过程中曝光灯不亮。用万用表检测曝光灯管,未发现异常。试拔下 AEC 电路板上的接插件,发现上层一对曝光灯亮,但下层一对曝光灯不亮。再用万用表测曝光灯镇流器组件的电压正常,连接线无异常。经进一步仔细检查,发现 AEC 电路板上的接插件 J419 已损坏。更换接插件 J419 后试机,故障排除。

9. 故障九

故障现象:施乐 2510 型复印机复印件全黑。

故障分析:检测曝光部分电路。

检测过程:接通复印机电源,按下“复印”键,在复印过程中观察曝光灯始终不亮。拆下曝光灯管,检查发现其灯丝已烧断。更换为同规格曝光灯后试机,故障排除。

10. 故障十

故障现象:施乐 2830 型复印机显示代码“U4”。

故障分析:故障代码“U4”的含义是:

(1) 在开机预热(100±10) s 时,机器仍不能转换到“准备好”状态;

(2) 在复印周期结束后 35 s 时,机器仍不能转换为“准备好”状态。

分析其原因主要有:

(1) 温控调整不正确;

(2)温度熔丝管断路;

(3) 热敏电阻开路;

(4) 固态继电器 SSR 不良;

(5) 主电路有故障。

检测过程:重新进行温控调整后,故障依旧。逐一检查温度熔丝管、热敏电阻及固态继电器 SSR,发现热敏电阻已开路损坏。更换为同规格热敏电阻后试机,故障排除。

11. 故障十一

故障现象:手动供纸时,施乐 2830 型复印机显示代码“C9”。

故障分析:参看相关资料,当手供纸传感器被触动保持时间超过 6 s 时,机器会自诊显示代码“C9”。由此分析故障的原因主要有:

(1) 手供纸传感器内部不良;

(2) 手供纸传感器触动杆被支点卡住;

(3) 手供纸传感器触动杆被纸片等杂物触动;

(4)主电路控制板有故障。

检测过程:经检查,发现手供纸传感器内部已损坏。更换为同型号手供纸传感器后试机,故障排除。

12. 故障十二

故障现象:施乐 2970 型复印机,复印时自诊断显示“U4”。

故障分析:故障代码“U4”表示定影系统有故障。

检测过程:开机复印,检查发现定影灯不亮。断电关机,拆开定影器检查,发现主定影灯管和副定影加热灯管均已损坏。更换主定影加热灯管和副定影加热灯管后试机,故障排除。

13. 故障十三

故障现象:施乐 2970G 型复印机,复印件上黑体笔画的中间成空白,但其他部分正常。

故障分析:引起上述故障的原因主要有 3 个:

(1) 显影电压过低;

(2) 电晕丝锈蚀;

(3) 电晕丝高度和张力不合规格。

检测过程：打开复印机前门，检查电晕丝高度和张力均符合要求，但发现电晕丝已严重锈蚀。更换为同规格电晕丝后试机，故障排除。

14. 故障十四

故障现象：施乐 3301 型复印机，开机预热过程中，显示屏出现“U4-1”或“U4-2”代码，机器不能工作。

故障分析：由于不能预热，故障可能出现在定影部分。

检测过程：打开复印机前盖，用螺钉旋具代替“门顶开关”，将前门盖联锁开关插好，拆下热定影灯架靠门外一头的塑料外壳，观察定影灯不亮，说明不能预热。测定影灯进线无 AC 100 V 电压，拆下主开关盒，检查 DC 24 V 继电器工作正常。在 24 V 继电器的 100 V 输出端后并联有两块固态继电器，开机用万用表测固态继电器交流电压输入端 T21、T23 有 100 V 电压，但测其输出端 T22、T24 无电压。试拔下固态继电器交流输出端插头，用一根导线进行短接，开机定影灯管立即点亮，由此说明固态继电器未起到通断控制作用。经进一步仔细检查，发现两块固态继电器 DC 5 V 正极的输入线开路。用一根同规格导线接好后试机，故障排除。

15. 故障十五

故障现象：施乐 3800G 型复印机复印图像浅淡。

故障分析：按图像基本调整步骤进行调整后，故障依旧。试更换复印纸进行复印，复印出来的图像浓度仍达不到要求。根据上述情况，分析故障的原因主要有：

(1) 曝光灯不良；

(2) 显影剂质量太差；

(3) 显影组件有问题；

(4) 感光鼓性能下降或充电不足。

检测过程：首先检查充电、转印电晕丝清洁，各电晕器均良好。再检查原稿图像无过多的黑区，显示影载体良好。进一步检测显影偏压，发现显影器接插件引脚无显影偏压输出，估计显影器接插件有问题。试更换同规格接插件后，开机复印，图像仍浅淡。经进一步仔细检查，发现曝光灯已变质失效，其发光强度始终低于标准值，从而造成上述故障。更换为同规格曝光灯后试机，故障排除。

16. 故障十六

故障现象：施乐 3800G 型复印机复印件全黑。

故障分析：引起此类故障的原因主要有：

(1) 曝光灯不良；

(2) 电晕器有问题；

(3) 光学系统工作异常；

(4) 感光鼓损坏或接触不良。

检测过程：加电开机，按下“复印”键，观察发现扫描期间曝光灯不亮。使复印进入自检状态，输入检测指令“6-6”，再按“复印”键，观察曝光灯也不亮，但检测光学恒温器已接通。拆下曝光灯检查，发现灯管插头插脚接线断线。更换为同规格插脚组件接线后试机，故障排除。

17. 故障十七

故障现象：施乐 3970 型复印机复印时出现自诊断代码“L6”。

故障分析：故障代码“L6”表示3个方面的情况：

(1) 钥匙计数器、COPY LYZER取下或钥匙开关断开；

(2) 插入用户钥匙计数器或COPY LYZER卡；

(3) 钥匙开关合上。

根据上述分析，引起代码“L6”的原因主要有：

(1) 钥匙计数器不良；

(2) COPY LYZER或钥匙开关失效；

(3) 主线路板有问题。

检测过程：重新装上钥匙计数器和COPY LYZER，并合上钥匙开关后试机，故障依旧。逐一检查钥匙计数器、COPY LYZER及钥匙开关，发现钥匙计数器已损坏。更换为同规格钥匙计数器后试机，故障排除。

18. 故障十八

故障现象：施乐4800型复印机复印时操作面板上显示自诊断代码“U3”。

故障分析：查阅相关维修手册，“U3”状态代码表示缩小位置开关S-38、S-39或缩小电动机的问题。

检测过程：采用诊断程序进行检查，具体做法如下：

(1) 打开复印机前门，拉出诊断开关Diagnosis Switch，此时操作面板显示“dp”码；

(2) 按清除键“C”，数字显示为“0”；

(3) 按数字“1”键，再按“启动”键，使“dp”变成P1；

(4) 依次输入数字“16”、“17”，并按“启动”键，分别检查开关S-38、S-39均正常；

(5) 按数字“2”键，再按“启动”键，使P1变成P2；

(6) 输入数字“12”，再按“启动”键，检查发现缩小电动机不转。根据上述检测结果，判断缩小电动机或其控制电路有问题。经逐一仔细检查，发现缩小电动机本身已损坏。更换为同规格电动机后试机，故障排除。

19. 故障十九

故障现象：施乐5026型复印机，加电开机后，扫描灯架即后退并卡位，随后面板显示代码“U2”。

故障分析：根据上述现象，说明光学定位电路有问题，分析其原因主要有：

(1) 主板有问题；

(2) 光学定位传感器不良；

(3) 光学定位传感器线路断或接头松动。

检测过程：打开复印机后盖，检查线路无断线。拆下前侧镜头传感器，将其与光学定位传感器对调接入电路，开机光学定位正常，但镜头定位异常，且面板显示代码“U3”，由此说明主板正常，判断光学定位传感器不良。撬开光学定位传感器，取出线路板，检查发现红外接收光敏晶体管损坏。更换为同型号光敏晶体管后试机，故障排除。

20. 故障二十

故障现象：施乐5026型复印机，复印的图像浓度不深。

故障分析：引起此类故障的原因主要有：

(1) 复印纸不良；

(2) 电晕器工作异常；

(3) 浓度调节电路失效；

(4) 显影偏压电路有问题。

检测过程：更换复印纸试印，复印图像仍浅淡。检查转印电晕丝清洁，电晕器无漏电现象。经进一步仔细检查，发现显影器无偏压输出，由此说明偏压电路工作不正常。逐一检查各相关引线和接点，发现偏压引线已断裂。更换为同规格偏压引线后试机，故障排除。

21. 故障二十一

故障现象：施乐 V258 型复印机，复印件图像全白。

故障分析：引起此类故障的原因主要有：

(1) 高压线断路；

(2) 显影加压脱离；

(3) 原稿照明灯不亮；

(4) 一次带电器未插到位；

(5) 一次充电电晕丝松脱断裂；

(6) 电位控制器、直流控制器工作不良。

故障检测：首先检查一次充电器插入正常，一次充电器电晕丝及跨接线无断裂现象。再在复印状态下检查显影器已被感光鼓加压，观察侧面曝光灯亮度正常，且检测高压连接良好。进一步检查电位控制器，发现其已断路。更换为同型号电位控制器后试机，故障排除。

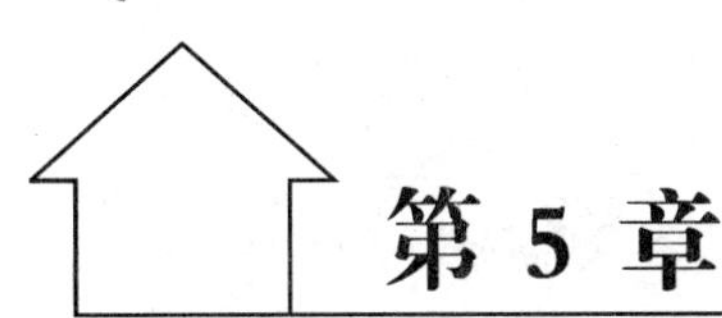

第 5 章 维修方法和检测流程

☞**概　述**

复印机故障的查找与维修是一门实践性很强的学问,它不但要求有实际的操作技术,而且需要有一定的理论知识,才能在具体的实践活动中排除故障,修复复印机。另外,由于复印技术的飞速发展,需要不断地学习新的技术和理论知识,否则对于不断涌现的新设备、新器件及新机种所带来的一些问题,将会一筹莫展。同时,还应在实践活动中逐步积累各种经验以及吸取各种教训,才能逐步成为复印机维修的行家。

☞**学习目标**

- 能根据复印机故障分类的方法,对复印机故障进行分类
- 维修复印机以前,要想好解决问题的思路
- 根据需要选择合适的维修方法
- 熟悉遇到复印机维修的解决流程

☞**本章重点**

- 复印机维修方法
- 复印机维修的检测流程

☞**本章难点**

- 合理选择维修方法
- 复印机的维修流程

5.1 故障分类

【概述】

复印机的故障多种多样,根据复印机故障现象进行分类,有利于故障问题的解决。

【学习目标】

针对复印机的故障，学会分类方法

【本节重点】

老化性和磨损性故障的分类方法

【本节难点】

设计性故障的特点

外因性故障的引发因素

复印机的故障分类方法很多，无论怎样分类，同样的故障的处理方法相同。下面就以造成故障的原因进行分类。

5.1.1 设计性故障

设计性故障主要包括复印机本身设计不合理和元件的工艺制作质量太差两种，以下分别进行说明。

1. 设计不合理

设计不合理主要表现在机械布局和元件器件的安装上，特别是早期的复印机，分立元件较多，有时新机运行时便出故障，如机械固定件容易松动、变形，分立元件出现互相干扰，致使复印机工作紊乱，散热元件的散热片面积不够，或导热性能差、热稳定性不良等。还有的复印机将发热元件与电容器、晶体管的位置靠得太紧，使元件受热而过早地老化等。不过，这类故障总地来说还是比较少，而且故障位置也相对稳定，一旦发现应进行记录和总结，确定比较完善的解决办法，遇到问题可提前进行改善和维修。

2. 工艺性故障

复印机是一种综合性电气设备，其制造工艺相当重要，特别是高档的复印机，装配工艺不良容易造成许多软故障，诸如阻容元件、晶体管、电位器、开关件及系统连线脱焊等，会造成复印机不工作或工作不良。这些因工艺不良引起的故障，由于没有一定的规律性，维修起来往往很麻烦。

5.1.2 人为性故障

1. 保护不当引起的故障

复印机对光、磁、电和灰尘都有很强的敏感性，所以复印机不能长期工作在多尘、强磁、强光照射的环境中，否则容易引起电路短路、光导体快速老化等故障。如常见的线路板短路、光导体消磁不净而影响复印质量等。

2. 处理不当引起的故障

复印机的很多调节装置用来调节其复印效果，如充电时间过长，可通过调节复印机的高压发生器，但若调整过度，往往使充电电压过高而发生打火现象，结果使光导体击穿损坏。另外，复印机的机械部分需要加注润滑油，加油过多往往使油迹污染电路板而出现短路故障，如玷污了电磁离合器，将造成离合器打滑而出现复印机失控故障。

5.1.3 外因性故障

复印机对外界环境有一定的要求，如对市电电压、环境磁场、温度、湿度及灰尘等均有一定的要求，在实际使用中由于外界因素影响而造成的故障现象也为数不少，概括起来有以下几个方面。

1. 电磁因素引起的故障

市电电压太高或太低都将影响复印机的工作，有时还会造成故障，如长期工作在低电压状态，电流增大，容易造成击穿集成电路或晶体管，电源电压太高则容易烧毁电源电路有关元件；另外，市电电源的干扰信号太强也容易引起复印机不能正常工作。

外界磁场对复印机也有一定的影响，如外界磁场过强，容易引起复印机磁性开关和磁性检测器件产生误动作，进而使复印机工作失控。

2. 环境因素引起的故障

环境因素的影响是一个渐进过程，需要时间的积累，而且故障的出现也无一定规律性。当遇到此类故障时，首先应对复印机电路进行清洁，观察故障现象是否变轻，对机械部件进行清洁时，不能使用带腐蚀性的清洁剂，另外清洁后的机械组件应加注润滑油。如因环境因素引起的电路短路故障、开关漏电故障等在实际维修中比较多，应作为维修的重点。

5.1.4 磨损性故障

磨损性故障是不可避免的，主要表现在机械部分，越是故障高峰期的复印机表现得越明显，维修这类复印机可通过打磨、加垫圈或更换的办法进行解决。不过对这类故障的防护也是相当重要的，应加强日常的维护和保养工作，以延缓磨损件的使用寿命。

5.1.5 老化性故障

元器件的老化是不可避免的，每一个元件都有一定的使用寿命，随着时间的推移，工作时间的增加，元器件都会逐渐老化失效，从而引起整机故障。但并不是每台复印机所有的元器件均按同一速度老化，有些元器件直到复印机报废还能继续使用，每台复印机容易老化的元器件往往都是那些易损元件，因此，故障出现时首先应检查那些易损元件，要及时进行更换，这样可迅速排除故障，避免同类故障的再次发生。

5.2 维修方法

【概述】

在排除复印机故障的过程中，必须学会如何诊断故障以及如何确定故障的位置，即故障定位的方法。一般来讲，组成复印机的各个组件都有可能发生故障，要排除这些故障，最主要的是设法寻找到产生故障的原因。

【学习目标】

掌握复印机维修的方法

【本节重点】

常用的维修方法

【本节难点】

根据实际需要选择合适的维修方法

1. 假性故障的维修方法

假性故障是指复印机本身并没有问题，而是由于操作者使用不当而引起某些功能性障碍，这类故障在新机中表现得比较多，对于这类故障，首先应了解使用者进行了哪些操作，出现的故障现象，以及再次进行操作出现的新变化。根据这些情况进行操作一般能够将其复原。常见的假性故障有以下几种。

(1) 开机后复印的图像偏淡或偏黑。这类故障多因刚开机时，光导体的预热还未达到最佳温度范围，因而图像浓度有偏差。这类故障只有等到光导体温度正常即可自动排除。如不能排除，即说明感光鼓温度检测传感器有问题，需对感光鼓温度检测传感器进行进一步的维修，这时就不属于假性故障的范围。

(2) 复印较厚的书或装订本时，有墨条边带。这是因为原稿太厚，原稿台无法将光线全部挡住而漏光所致，可用一块黑色厚布将原稿盖边缘全部盖住即可消除故障。

(3) 停止复印时间较长时，再次复印要等一段时间才能进行复印。这是因为一般的复印机都具有节电功能，待机时间过长，复印机将自动关闭电源，需重新开机并进行充电才能进行复印。有的复印机只要按下任一按键，复印机马上可进行复印。

(4) 复印多色原稿时，有些颜色特敏感，有些颜色不敏感。这是因为不同的复印机对原稿的颜色的感色性不同而引起图像质量问题，一般来说，某种复印机的光导体对某种颜色特敏感，复印该种颜色时就会显得很淡。

(5) 选择好缩放比例后未马上复印，但是过一会儿复印出来的图像没有缩放效果，有时甚至停机。这是因为该机具有自动复原功能，超过该功能的执行时间即自动恢复初始状态，有时甚至自动停机。还有的复印机没有自动恢复功能，须清除该功能，否则再次复印时又会有缩放效果。

(6) 原稿与复印稿之间存在很大的反差。这是由于复印浓度调节不当引起，只要调节好复印浓度即可排除故障，调节时最好选用一张多色原稿反复调节，以确定最佳浓度。

(7) 复印图像出现白斑条或模糊不清现象，这类故障大多是由于环境潮湿、光导体上有水气或复印纸吸潮所致。

2. 偶然性故障的维修方法

偶然性故障是指随机故障，在复印机中大部分电路故障都表现为偶然性故障，维修偶然性故障，常采用以下维修方法。

(1) 观察法

观察法就是观察复印机的工作情况是否正常，通常有以下几种方法。

1）不开机观察

首先在不打开机盖的情况下对复印机的操作、图像状况、动作声音、代码显示等表现出来的现象进行观察并推断故障部位。特别是根据故障代码就能够准确地判断出具体的故障部位。有经验的维修人员也能根据复印机所表现出来的具体现象推断故障的具体部位。要做到这一点，要求维修人员具有丰富的维修经验，并积累大量的维修实例。

2）静态观察

静态观察是不带电观察复印机的各系统状况，将复印机各系统拆开之后，根据故障现象推断可能产生的故障部位，然后对该部位进行重点观察，同时兼顾其客观存在的关联部位。

① 电晕器件的观察

- 电晕器两端的绝缘座是否有烧焦或破损迹象；
- 电晕丝表面是否有麻点剥落或氧化层；
- 电晕丝和屏蔽层是否清洁；
- 电晕器接触是否良好；
- 电晕器离光导体的距离是否正常；
- 电晕丝高度和电晕架的位置是否正常。

② 光学部件的观察

- 各镜头和反光镜是否清洁；
- 扫描灯架移动时是否流畅平稳；
- 曝光灯是否接触良好。

③ 显影器件的观察

- 显影器内有无显影剂；
- 粉盒内有无墨粉，如有墨粉是否结块；
- 墨粉补给调整杆的位置是否正确，墨粉的分布是否恰当；
- 显影搅拌器是否正常；
- 显影偏压的设置值是否正确，偏压触点是否良好；
- 收集飞散载体的磁铁位置是否正常，磁铁上载体是否过量；
- 显影器安装是否正常；
- 显影磁辊与光导体之间的距离是否恰当；
- 显影磁辊表面有无划痕和油污；
- 显影传动齿轮磨损是否过量。

④ 供输纸部件的观察

- 搓纸辊是否打滑，有无磨损过多的现象；
- 纸盒纸张提升板是否正常；
- 纸盒位置安装是否正常；
- 对位辊是否磨损严重；
- 输纸皮带是否松弛；
- 排纸齿轮有无卡阻。

⑤ 传动部件的观察

- 传动部件齿轮、齿条和链轮是否磨损过多；
- 传动装置有无松动、脱落现象；
- 电磁离合器的旋转是否灵活；
- 扫描架的滑轨有无卡阻；
- 各塑料件有各变形、错位或损坏现象。

⑥ 电路板的观察

- 接插件有无松动现象；
- 印刷电路板有无断裂、沾尘过多而出现开路或短路现象；
- 阻容元件有无缺少、变色、爆裂、脱焊松动现象；
- 可变电阻、电容和电感有无调动或损坏现象；
- 集成块的字迹和引脚是否变色。

⑦ 光导体的观察

- 光导体表面是否有划痕；
- 光导体表面是否因打火而出现变黑现象；
- 光导体是否超过了正常寿命期。

⑧ 清洁部件的观察

- 清洁毛刷是否板结或损坏；
- 清洁刮板是否能正常工作，与光导体的接触是否良好；
- 吸尘袋或废墨盒的废粉是否过量；
- 清洁装置有无异物卡阻；
- 清洁器传动齿轮是否磨损过多。

3）试机观察

很多故障不通过试机观察是不能发现问题的，在复印机的维修中试机观察显得尤其重要。通过试机观察工作状态显示、机械传动、纸路传输、异常噪声等，确定故障产生的具体部位。

① 电气线路的观察

- 显示屏有无显示，显示是否正常，有无不正常的状态指示；
- 开机时有无打火现象，有无冒烟或异味发生；
- 该亮的指示灯和发光二极管是否正常点亮；
- 复印机内大功率器件(如变压器、晶体管和集成电路)温升是否正常；
- 碰触机内接插件时，故障现象是否发生变化。

② 机械部件的观察

- 机械部件运行时有无不正常的噪声；
- 各运行部件是否按时序运行；
- 机械部件有无发热现象。

(2) 功能检测法

如果经过观察未能找到故障的具体部位，可进行运行检测，即利用复印机操作控制面板上的操作开关，同时配合状态显示来判别故障的具体部位。通过运行检测只能确定故障的大致部位。

复印机上的操作控制部分为五大类，分别是缩放、浓度、供纸、数字输入和特殊功能。利用缩放操作可了解光学部件的运行情况，按下缩放键可看到镜头移动，并能听到镜头移动的声音，否则说明光学部件存在故障。利用浓度键可了解曝光和显影装置的工作是否正常，如调节浓度键不起作用，说明控制曝光量的光圈、光缝、曝光灯及显影控制电路存在故障。利用供纸键可了解纸盒内的供纸情况，如果按下供纸键，纸盒不供纸，则说明纸盒搓纸辊或传感器存在故障。数字键主要用来输入复印数量和检测代码，如果输入复印数量，复印机不能连续输出复印件，则说明复印机连续工作控制失灵；如果输入检测代码，复印机不能对该部分的工作情况作出反应，则说明该检测代码所对应的某部分电路存在故障。如果按下特殊功能键不能实现其特殊功能，则说明特殊功能部件或电路存在故障。另外，利用操作面板上的指示灯也可进行相应功能的检测，如用卡纸指示灯可检测卡纸传感器及其控制电路是否正常，利用墨粉缺少指示灯可检测墨粉的有无以及检测电路的正常与否。

(3) 电路检查法

通过运行检测之后，故障的大致部位予以确定，对于机械故障可进行排除，但对于电路故障，需借助仪器表进行检查才能确定具体的故障元件。通常检查复印机的仪器和仪表有万用表、示波器、高压计以及逻辑脉冲器等。

电路检查在实际维修中应用得比较多，也是维修复印机的一种重要方法，在进行电路检测时，必须借助于该机的维修手册和有关集成电路的实用数据手册和相关数据作为标准。在没有这些资料的情况下，也可用正常复印机的电阻值和工作电压进行比较，以此来判断故障的所在。

3. 必然性故障的维修方法

必然性故障是指在使用的过程中一定时期内必然发生的故障，即可以预见的故障。在复印机中光导体的磨损、老化、清洁刮板的磨损和硬裂以及其他机械部件的正常磨损等都属于必然性故障。在复印机中必然性故障多表现为机械故障，维修这类故障多采用常规维修法，如观察、检测、检查和更换等，其维修方法与偶然性故障相似，在此不再重述。值得一提的是，维修必然性故障是一项日常工作，不要等到故障出现时才进行维修，这时造成的损失会更大，特别是光导体，等到故障出现时，光导体已接近报废。如果提前进行检查和修理，光导体还可以继续使用一段时间，这时可充分延缓光导体的有效寿命期。

5.3 检测流程

【概述】

复印机维修的检测流程是检测故障的基本原则，也就是如何根据故障现象一步一步地检测复印机的过程，尤其是对于初学者来说是非常重要的。本节主要介绍检测复印机中常见故障的检测流程。通过本节的学习，让维修人员掌握复印机故障的检测流程。

【学习目标】

掌握复印品图像不良的故障检测流程

掌握复印机动作不良的故障检测流程

掌握复印机输纸不良的故障检测流程

掌握复印机自我诊断故障的检测流程

【本节重点】

复印品图像不良的故障检测流程

复印机输纸不良的故障检测流程

【本节难点】

复印机动作不良的故障检测流程

复印机维修有两种故障判断方法，一种是依靠故障现象进行故障判断，二是依靠复印机的自我诊断代码进行判断。下面就上述两种故障判断方法进行说明。

5.3.1 复印机的通用故障检测方法

1. 复印机出现故障后的检查与维修步骤

复印机出现故障后，总有一种是主要的故障，抓住这个主要的故障进行分析，即可找到故障原因和排除的方法，一般可通过以下几条途径来查出故障的原因并排除之。检修时应遵循先易后难的原则并逐步缩小范围，最后集中于某一点上。

(1)了解情况

维修机器前首先应认真询问操作者有关情况，如机器使用了多久，上次维修(保养)是在什么时间，维修(保养)效果如何，此次是什么情况下出现的故障。还要认真翻阅机器有关维修记录，注意近期更换过哪些部件和消耗材料，有哪些到了使用期限而仍未更换过的零部件。

(2) 检查机器

情况了解清楚以后，即可对机器进行全面检查，除了机内短路、打火等故障外，都可接通机器电源，复印几张，以便根据其效果进行进一步分析。对于操作者提供的故障现象应特别注意，并在试机时细心观察。

(3) 准备工具

在对机器进行检查的基础上，一般可对故障现象有个大致的了解，即可知道维修时需要哪些常用的专用工具，准备好将要使用的工具和材料后即可进行检查维修工作。

(4) 机器故障自检

目前绝大多数复印机都装有彩色液晶显示面板，并设有卡纸等故障自检功能，一旦机器某一部件失灵或损坏，都能以字母、数字告诉操作者。比较常见的是故障代码，如 NP 系列复印机的故障代码为“E0～E8”等，理光系列则以“U”加数字为代码，这些代码一出现分别表示印刷电路板、传感器、开关、接插件等工作状态异常，需要进行调整或更换。作为机器的使用者，见到这些故障代码，应立即停机，关掉电源，找到与所使用机器型号相同的维修手册或维修说明书，在书中查到故障代码所表示的内容，再检查相应的零部件、电路板或电子元件。

2. 常见“共性”故障的检测

由于复印机的种类和型号繁多，各制造厂生产的复印机各不相同，即使是同一个生产厂家生产的不同型号复印机也不完全一样。因而在使用中所出现的故障现象还是有一些差别，这里仅对共性的、一般常见的故障及其成因和排除方法加以介绍。

下面所列举的故障，对于各种复印机并非一律如此，即使同一故障在不同类型的机器中，其成因可能并不相同。因此，这里更重要的是提供方法和思路(有些故障只要找到成因即知排除方法，因此这些故障的排除方法就不再赘述)。

(1) 影响复印件质量故障的原因与排除

复印件质量不好是复印机最常出现的故障，此种故障可占总故障率的60%以上，以下是具体故障的检修与排除。

1) 复印件全黑无图像

复印机复印出的复印件全黑即经过复印后，复印件上全黑没有图像。

① 曝光灯管损坏，首先观察曝光灯是否发光，不发光时可检查灯脚接触是否良好。是否为曝光灯管损坏、断线、灯脚与灯座接触不良等原因。

② 曝光灯控制电路故障。曝光灯控制电路出现故障，检查各处电压是否正常，无电压时应检查控制曝光灯的电路是否有故障，必要时更换此电路板。

③ 光学系统故障。复印机的光学系统被异物遮住，使曝光灯发出的光线无法到达感光鼓表面时，可清除异物。反光镜太脏或损坏，以及反光角度改变，光线偏高，无法使感光鼓曝光时，应清洁或更换反光镜，调整反光角度。

④ 充电部件故障。二次充电部件故障(仅限NP复印法)，检查充电电极的绝缘端是否被放电击穿，电极与金属屏蔽罩连通(有烧焦痕迹)，造成漏电。

2) 复印件全白

复印件全白故障分为感光鼓上有图像和感光鼓上无图像两种情况。

① 感光鼓上有图像

- 转印电极丝接触不良；重新接通。
- 转印电极丝断路，更换电极丝。
- 转印电极高压发生器损坏或高压线接触不良，检修更换高压发生器或重新接通高压线。

② 感光鼓上无图像

- 充电电极接触不良或电极丝断路，重新接通充电电极或更换电极丝；
- 充电电极高压发生器损坏或高压线接触不良，检修更换充电高压发生器或重新接通高压线控制显影器的离合器老化或损坏，更换离合器；
- 显影器脱位或驱动齿轮损坏，重新安装到位或更换驱动齿轮；
- 感光鼓安装不到位，重新安装。

3) 复印件图像时有时无

复印件的图像时有时无的原因在于充电或转印电极到高压变压器的连线或高压变压

器本身损坏。

检查时可打开机器后盖，拆下电极插座。按下复印开始键后，用电极插座的金属部分碰触机器金属架，如发现放电打火现象，证明此电极是好的。如没有放电打火，则高压变压器输出端不良，需要更换。如果两个电极插座均有放电打火现象，说明高压变压器无问题，而是插座与电极的连接不良，或是电极本身有漏电、接触不良的现象，应进行修复。

4）复印后复印件出现底灰

复印件上有深度不等的底灰，是静电复印机中一种常见的现象，而且是一个难于解决的问题，复印件上有无底灰存在是鉴别其质量好坏的重要标志之一。

- 曝光不足，原因包括曝光灯老化，照度下降；光蓬开得太小，曝光量小。调整曝光电压、光缝或更换曝光灯。
- 原稿反差太小。
- 复印纸受潮。
- 显影偏压过低或无显影偏压，调整显影偏压、检修显影偏压电路。
- 显影器中载体比例小，墨粉比例过高，造成均匀的底灰，而且比较浓。原因是游离的墨粉过多，载体难以吸附。这时要重新调整载体与墨粉的配比。
- 墨粉、载体受潮，电阻率下降，墨粉与载体的带电性变差，造成显影效果不良，须更换墨粉或载体。
- 载体疲劳（包括湿法显影和干法显影）使载体对墨粉（或油墨）的吸附能力下降，容易使墨粉游离，而被残余电位（明区）吸附，产生底灰。
- 墨粉与载体不匹配，不为同一机型所使用。
- 感光鼓疲劳，清洁或更换感光鼓。
- 所接机器电源过低，应保证电压不低于 220 V。

5）复印后复印件颜色淡，对比度不够

- 感光鼓表面充电电位过低，造成曝光后表面电位差太小，即静电潜像的反差小。可以通过调整充电电位或调整充电电极丝与感光鼓的距离来解决。
- 复印机工作的环境湿度过大，纸张含水率过大造成。
- 由于复印纸的理化指标没有达到要求，如纸张厚度、光洁度和密度等原因造成。
- 机电方面的原因有：转印电极丝太脏，粘有墨粉、灰尘、纸屑，影响转印电压；转印电极丝距离感光鼓表面（纸张）太远，转印电流太小，不能使纸背面带有足够的转印电荷，影响转印效果。解决办法有清洁转印电极丝或调整转印电极丝与感光鼓的距离。
- 显影器中墨粉不足，无法充分显影造成显影对比度不够。
- 由于在液干法显影中显影液陈旧失效，造成载体缺少或疲劳失效，带电性减弱，使得显影不足。

6）复印件图像清晰度差分辨率低

- 复印时曝光量过大所致，调整曝光电压或光缝。
- 复印镜头、反光镜的聚焦不良的缘故，调整镜头与反光镜的距离与角度。
- 硒感光鼓工作时间过长，表面污染残留墨粉过多或产生氧化膜，清洁或更换感光鼓。

- 墨粉颗粒太大，显影图像表面粗糙，造成分辨率下降。如出现由于图像发黑而造成不清晰，应考虑可能是显影器下墨粉太多。

7）复印件图像浓度不均匀

复印件复印出的图像不均匀分两种情况，分别是有规则的不均匀和无规则的不均匀。

① 出现有规则的不均匀故障原因与排除方法。

- 电极丝与感光鼓不平行，造成转印电晕不均匀。
- 曝光窄缝两边不平行，造成曝光量不均匀。
- 机内有乱反射光的干扰。
- 显影辊与感光鼓表面不平行；液干法显影中挤料辊与感光鼓不平行；显影间隙两端不等，均会造成上述的不均匀。

② 出现无规则的不均匀故障原因与排除方法。

- 复印纸局部受潮。
- 曝光灯管、稿台玻璃等光学部件受污染，影响光反射和透射的均匀。
- 充电和转印电极丝污染，造成放电的不均匀。为防止此种情况，应经常保持电极清洁使放电均匀。
- 采用热辊定影的机器，由于加热辊表面橡胶老化脱落、有划痕，或定影清洁刮板缺损使辊上局部粘上污物，形成污迹。
- 搓纸辊上受墨粉污染，搓纸造成污迹。
- 显影器中黑粉漏出洒落在纸上或感光鼓上。

8）复印件图像上有污迹

- 感光鼓上的感光层划伤。
- 感光鼓污染，如油迹、指印、余落杂物等。
- 显影辊上出现固化墨粉。
- 采用热辊定影的机器，由于加热辊表面橡胶老化脱落、有划痕，或定影辊清洁刮板缺损使辊上局部粘上污物，形成污迹。
- 搓纸辊上受墨粉污染，搓纸造成污迹。
- 显影器中墨粉漏出洒落在纸上或感光鼓上。

9）复印件图像上出现白色斑点

- 显影偏压过高，调整显影偏压。
- 感光鼓表面光层剥落、碰伤，清洁研磨或更换感光鼓。
- 由于转印电极丝电压偏低，造成转印效率低所致。
- 复印纸局部受潮也可能出现白斑。

10）复印件图像表面不光洁

- 墨粉质量不好，颗粒太粗。
- 显影器中载体过量外溢至复印纸上。
- 显影浓度过高，下粉量太大。
- 定影温度不够，墨粉未能完全均匀，检修调整定影温控电路。

11）复印件图像定影不好

定影不好是个质量问题。一种是表现为定影不足，墨粉粘附不牢，图像容易被擦掉，墨粉脱落。另一种是定影过度,使图像线条变粗,分辨率下降,使纸发黄、变脆,甚至烤焦。

- 定影灯管损坏或接触不良,加热丝断路,造成没有定影温度或定影温度过低。
- 定影灯位置改变,使辐射不均匀。
- 定影加热辊磨损,表面出现坑凹,与纸张接触不严,使局部定影不牢。
- 定影温度过高,或由于控制电路失灵造成机内温度过高,造成定影过度。
- 各种机型的复印机所选用的墨粉定影温度,定影时间略有差异,因此一定要根据机型选用墨粉,机型与墨粉相符。
- 墨粉变质或复印纸不符合标准,也都会出现定影不牢、定影过度的现象。

12) 复印件图像错位和丢失

- 输纸定时与光学系统的时序不同步,如搓纸离合器调整不当,造成进纸时间过早或过晚。在大多数机器中,进纸时间是可以调整的,一般是调整该离合器的位置。
- 对位辊离合器打滑,运转不均匀,使感光鼓与纸张的接触时间改变,需要对离合器进行清洁。
- 如果感光鼓上的图像也少一段,而充电、显影、曝光灯、稿台钢丝均正常,则可能是驱动马达、传动链条松动的缘故,松动会使光学部件的扫描与感光鼓的转动不同步,需要反复调整。

13) 复印件背景上有不均匀灰或脏迹

- 清洁刮板的压力不够或刮板的释放机构动作不够灵活,应调整刮板及刮板释放机构。
- 清洁毛刷转动不正常。清洁装置被严重污染,清洁检修清洁装置。
- 清洁刮板前端的刃口面不够平直,更换刮板。
- 曝光灯、反射罩、反光镜、防尘玻璃或消电灯滤光片被污染。
- 曝光灯调节器输出电压不准,重新调整。
- 显影剂已年久失效,应更换。

14) 复印件图像密度不均匀,一边深一边浅

- 充电电极丝或转印电极丝的高度前后不一致,注意在高度调整后还必须调整充电或转印电流。
- 曝光灯上有脏物污染,出现色斑、色环或灯丝变形,应给予清洁或更换。
- 曝光灯位置、显影装置位置不准确。
- 复印机放置不在水平位置。

15) 复印件上沿复印件输出方向出现明显的纵向黑色线条

- 由于清洁装置入口处的聚酯薄膜密封片翘起,转印/分离电极导杆松动或变形等原因引起感光鼓表面被划伤。更换密封片或调整更换转印/分离电极导杆。
- 定影辊表面有划伤。
- 定影装置出口滚轮损伤或分离爪损坏。
- 感光鼓表面上有色粉粘附,清洁感光鼓。

16) 复印件上沿复印件输出方向出现不规则的波浪形黑线或黑条

- 清洁装置脏污,在清扫清洁刮板和毛刷后,应撒上润滑粉。
- 由于硒鼓上粘附有小颗粒异物或载体造成清洁刮板刃口被损坏。

- 更换刮板或新硒鼓时，没有先撒上润滑粉造成清洁刮板刃口损坏。

17）复印件上沿复印件输出方向出现白色线条（纵向白线条）

- 由于色粉粘结在电极丝上造成充电电极丝局部污染和转印电极丝局部污染。
- 充电电晕装置上有线状悬挂物影响感光鼓表面。
- 显影装置密封垫局部污染或粘有异物。

18）复印件上某一边缘有不同程度的粉迹

- 由于感光鼓上清洁不良将残余色粉转印到复印件上。
- 清洁刮板上的衬套和孔没有正确吻合，致使刮板不能灵活移动，当加压刮板时刮板不能正确地靠在硒鼓上。

19）复印件沿输出方向出现前端黑色横向条

扫描架起始位置不正确，可通过调整扫描起始位置传感器的位置来解决。调整后要求扫描复原位时没有跳动现象。

- 由于纸屑、粉末和灰尘等粘附加在转印/分离电极丝上所造成。
- 转印/分离电极丝严重损坏。

20）复印件图像模糊或图像拉毛

由于感光鼓表面被污染，或者感光鼓衰老、过度磨损所造成。清洁感光鼓，严重时更换新感光鼓。

21）复印件出现空白

复印纸受潮或皱折。从纸盒里取走潮湿和皱折的纸。

22）复印件歪斜

- 检查原稿在稿台玻璃上的位置是否正确。
- 检查纸盒是否安装正确。

23）复印件出现有黑框

- 如果原稿比复印纸小，用一张比复印纸大或与复印纸相同的纸盖住原稿。
- 复印时放下原稿盖。

24）因清洁效果不好，造成底灰大

- 毛刷弧结和严重脱毛，应梳松或调换毛刷。
- 消电电极失效，应检修消电电极。
- 消电灯被污染或损坏，清扫或调换消电灯。

25）成像模糊

- 镜头和反光镜污染，清洁镜头和反光镜。
- 镜头和反光镜位置错动，调整镜头和反光镜的位置。
- 扫描移动钢丝松弛，张紧钢丝绳。

（2）复印机卡纸故障的检查与维修

相信每位使用过复印机的人都会遇到卡纸这种故障，应该说复印过程中偶然卡纸是不可避免的，但如果经常卡纸，则说明机器有故障，需要进行维修。造成卡纸的原因很多，主要有以下几个原因。

① 纸盒卡纸主要是纸盒和搓纸部件故障。

② 纸路卡纸主要是对位辊、分离机构、纸路传感器、分离爪、定影辊故障。

③ 自动分页器造成卡纸。

④ 扫描部件造成卡纸。

⑤ 机内短路造成卡纸。

⑥ 操作不当造成卡纸。

针对以上故障,具体卡纸故障的检测流程如下。

1）纸卡在输纸道内

- 输纸离合器失控,应调整、更换输纸离合器。
- 输纸道内有异物,应清除异物。
- 纸走偏堵塞,应清除被卡复印纸。

2）纸卡在分离器处

- 分离带松、掉、断或气吸分离,吸纸力不足,使纸粘在鼓上或进入清洁箱内,可撤换分离带,调整气吸量和气吸位置。
- 纸走偏,应排除纸走偏的故障。

3）清洁器频繁卡纸

有些复印机的清洁器与感光鼓接触的部分装有一个栅状条,它用塑料制成,作用是防止复印纸进入清洁器,正常复印时,即使有纸卡在此部分,纸张也很容易取出,但栅状条损坏时,纸张就会进入清洁器,卡得很紧难于取出。这时须使清洁器离开感光鼓,必要时将其从机内取出,清除卡纸,修复或更换栅状条后才能继续使用。

4）经常在中部卡纸

A. 纸卷到鼓上(纸经常卷到鼓上),则检查:

- 鼓分离爪、分离带是否良好;
- 分离高压充电是否良好;
- 纸的一面挺度是否比另一面挺度差,如果是,可反过来用,或尽量购买双面挺度均好的纸。

B. 纸停在传输部(如果纸经常停在中间传输部),则检查:

- 传输皮带是否松动、老化,皮带张紧装置是否良好;
- 机器底部吸气风扇工作是否良好;
- 定影器前导引板角度是否合适,是否干净;
- 中部纸路检测开关或传感器是否灵敏。

5）经常卡纸在定影部或出纸口处

- 定影辊压力太大;
- 定影辊传动齿轮固定不稳;
- 定影辊硅油太多(硅油太多使纸容易卷到辊上);
- 定影辊脏污(如脏污也会使纸卷到辊上);
- 定影辊分离爪老化、变形;
- 排纸口路检测开关或传感器不够灵敏。

6）复印机偶尔卡纸

卡纸后,面板上的卡纸信号灯会点亮,可根据面板上所显示出卡纸的位置打开机门或左(定影器)、右(进纸部)侧板,取出卡住的纸张。一些高档的复印机可显示出卡纸张数,以“P1、P2”等表示,“P0”表示主机内没有卡纸,而是分页器中卡了纸。取出卡纸后,应检查纸张是否完整,不完整时应找到夹在机器内的碎纸。分页器内卡纸时,须将分页器移离主机,压下分页器进纸口,取出卡纸。

7) 定影器卡纸

- 定影器内有异物,清除定影器中异物。
- 弹簧输送钢丝脱落或损坏,检修和调换钢丝。
- 热辊定影两端压力不均,调整辊两端的压力。

8) 复印时出现频繁卡纸

出现此种现象很可能是搓纸轮磨损,一般表现为频繁卡纸,纸张卡住的部位多在进纸口处,连续复印时也会卡住数张纸,有时还会由于搓纸边缘造成纸张与感光鼓不同步,转印偏后,纸上只有一半图像,并在图像前端留下一条黑色边。判定搓纸轮是否已用到寿命期限的方法是,用棉花醮酒精或清水擦拭搓纸轮表面,去掉灰尘、纸毛等,然后马上进行连续复印,可印 30 张,这时如果卡纸现象有所减轻,则说明搓纸轮磨损较为严重,需要换;如果仍然和以前一样频繁卡纸,则应考虑其他部分的原因。

9) 卡纸显示灯亮,但机内无卡纸

出现此种情况多为纸路检测开关脏污、不灵敏所致。例如,施乐 2080 大型工程图纸复印机经常显示“Paper Jan Side”(卡纸在中部),而不能继续复印,检查机内并无任何卡纸,这一情况多为中部纸路检测光电传感器 Q5 和 Q6 受到墨粉的污染造成的。

有的机型则需要调整其他参数,如 U-Bin3300MR 在更换主控板后,较易出现“卡纸⑦”信号,但机内并无卡纸,这时应调整主控板微调 VR1,使 TP8 对 TP0 的电压为 7.2 V,“卡纸⑦”显示随即消失,平时如出现此种情况,处理的方法也不一样。

(3) 其他常见故障的检修与排除

1) 按下复印键机器不工作

- 复印键微动开关工作不正常,应调整和更换按钮微动开关。
- 主电机故障,检查风机,如工作,说明主电机故障,如风机不转,说明电源不通,应调整和调换主电机。
- 控制线路中的继电器发生故障,应检查、修复和更换继电器。

2) 扫描开始光源不亮

- 导线接触不良,应检修导线。
- 灯管两端接触不良,应清洁两端接头。
- 灯管烧坏,应更换灯管。
- 保险丝(熔断器)烧坏,应更换保险丝。

3) 按复印键,工作正常,但复印件不输出

- 搓纸电机不工作,应检查线路及电机,排除或调换。
- 搓纸轮老化或没有接触到纸表面(压力不足),应更换搓纸轮,检查并修复搓纸轮,在第一张与最后一张时都保持接触。
- 供纸盒的压纸钩上下滑动不灵活,应检查调整压纸钩使之灵活。

- 纸张裁切毛边互相粘结(未搓开),应将纸取出重新反复搓动整理或重新更换复印纸。
- 纸张走偏在输纸道中卡住,检查供纸盒安装是否正确,应检查输纸道中是否有异物。
- 输纸离合器不工作,应检查分离装置,检查修复或调换离合器,检查控制线路。
- 纸张未从感光鼓上分离下来。
- 纸张分离后,走偏未进入定影器,应检查分离装置及输纸道。

4) 高压发生器不工作

- 输入电压过低,应调整电压达到要求。
- 高压发生器烧坏,应调换高压发生器。
- 输入、输出线的接点不牢,应插牢各接点。
- 接点插错,正确插好接点。

5) 消电电极击穿

不论是采用直流消电或交流消电的机器,都会发生此种故障,特别是充电电压过高、空气湿度过大时,故障更为频繁。

拔出此电极,可见其一端或两端的绝缘端块内有烧焦的痕迹。此处即是漏电的所在,应更换击穿的绝缘端块。如果烧焦的面积小,可用砂纸、小刀等打磨去焦糊的一层,并用透明胶纸贴上,仍可继续使用。

6) 复印绿键按下后,第一步供纸不良

首先观察搓纸轮是否转动,如果转动良好而不能搓纸,则检查:

- 搓纸轮是否脏污、老化、摩擦力下降,如果脏污,可用浓酒精擦洗;如果磨秃老化,可更换新搓纸轮;也可采用土办法:剪一段橡胶指套,套在搓纸轮上,实践证明,这是解决搓纸轮摩擦力的有效方法。
- 顶纸板弹簧顶力是否下降,如果下降,就进行调整。
- 纸的裁切宽度是否比纸盒标准尺寸宽。
- 如果搓纸轮不转,则第一供纸离合器以及第一供纸有关电路可能有问题。

7) 第二供纸不良

- 首先观察第一步搓纸是否到位,如不到位则先解决第一供纸到位问题。
- 第二供纸行程开关是否良好,位置是否合适,是否积粉脏污。
- 第二供纸离合器是否良好。
- 扫描台行程开关中的对位起始微动开关或传感器是否失效。
- 纸路当中是否脏污、有异物等。

8) 不进纸

- 输纸电机不工作,检查并排除线路及电机故障。
- 搓纸轮没与纸表面接触,调整搓纸轮的压力。
- 搓纸轮老化或磨损,调换搓纸轮。

9) 纸盒不能供纸

复印机的搓纸轮大多数靠电磁线圈的动作来控制。检查时须使机器处于有纸状态,可用透明胶纸将检测有无纸盒的开关粘住,使无纸信号不出现,将一小块纸放在检测纸盒的光电传感器上,按下开始复印键后,大约 1～2 s 后,控制搓纸轮的电磁线圈的衔铁应有吸台动作，如果无此动作，则应检查电磁线圈与线路板间的连线接触是否良好。如果有此动作，则应考虑搓纸离合器内的弹簧是否损坏、生锈，必要时应更换离合器。

10）多张进纸

- 纸张毛边粘连，可反复搓动纸张、重装。
- 纸张与纸盒的摩擦力太小，可增加纸盒两侧摩擦力。
- 纸装反，可调整纸的反正面。
- 纸的抗静电能力太差。
- 纸的裁切宽度比纸盒标准尺寸窄得多，压纸脚没有起到作用。
- 纸盒压纸脚角度不好，可调整纸盒压纸角度。

11）清洁器漏粉

- 刮板不平或不严。
- 左、右密封垫失效。
- 积粉过多。
- 输粉道堵塞。

调换清洁刮板，调换密封垫（也叫侧封），定期清除墨粉，疏通输粉通道。

12）吸尘效果差

- 吸尘电机损坏。
- 风轮脱落。
- 集尘袋积粉太多。

检修和调换吸尘电机；重新换上风轮；清扫或调换集尘袋。

13）原稿照明光源不亮

- 照明灯管损坏。
- 照明保险丝（熔断器）烧断。
- 照明灯脚损坏或接触不良。
- 照明线路不通。

在找出原因后更换灯管，更换保险丝，检修和调换灯脚；检修线路。

14）扫描停滞不前终止震动声大

- 扫描移动丝绳松。
- 终止微动开关（MS）失灵。
- 终止垫陈旧。

张紧钢丝绳；调换终止微动开关；调换终止垫。

15）不扫描

- 主电机损坏。
- 控制线路失灵。
- 正程离合器失灵。
- 离合器电刷不良。

检修或调换主电机；检修控制线路；检修或调换正程离合器；检修或调换电刷。

16）扫描不停止

- 复印数量控制板失灵。

- 正程和回程开关失控。

排除方法：检修或调换复印数量控制板；检修或调换正程、回程开关。

17）光学扫描系统不前进

- 扫描移动轨道污脏、阻塞。
- 扫描驱动钢丝太松或太紧。
- 扫描台的微动开关和离合器不工作。
- 控制线路有故障。

清洁移动轨道；调整钢丝的张力；检查、调换微动开关和离合器；检查控制线路。

18）复印键按下后，光学系统运动异常

- 光学系统运动异常包括镜头不能到位，回位，扫描台不启动，不前进，不返回，停在半途不动等。
- 首先检查光学系统保养注油情况是否良好。
- 再检查光学系统各行程检测开关是否灵敏。
- 检查各离合器以及供电是否正常。

19）机器运转声音不正常，电机温度升高

- 主传动链条过紧。
- 变速箱或联轴节有响声。
- 主电机润滑脂不足。
- 扫描钢丝绳过紧，造成主电机负载过重。

调整张紧轮或弹簧；找到原因并检修；补充润滑脂；调整或更换钢丝绳。

20）操作面板上的浓淡钮不起作用

- 显影偏压完全短路或断路，由于载体外溢、感光鼓上有整周性膜层脱落、偏压引线破皮等原因造成。
- 显影机构上的插头插座没接触好，偏压没引到显影辊筒上。
- 偏压板上变压器引出头断线。
- 操作板上电位器的线头脱落。

清除显影偏压短路或断路各因素；使偏压确实引到显影辊筒上；焊好接头，使接头可靠地连接在一起。

21）复印件皱折

- 复印纸本身有皱折，应重新换复印纸。
- 供纸盒放纸不正，应调整放纸位置。
- 分离装置工作不正常，应调整分离装置。
- 输纸机构变形或阻塞，应检修输纸机构各部位。
- 导向板附着墨粉而污脏，应清洁定影导向板。
- 温度传感器未与定影辊表面正确地接触，应调整温度传感器（热敏电阻与定影辊接触）的正确位置。
- 定影咬入量（热辊）左右宽度不均，应检修和调整定影辊两端的压力。
- 上、下定影辊左右压力不均或已达到使用张数限额，应调整定影辊两端的压力，使之达到均匀。

• 整个机器不平，应改变安装场所或位置。

22）显影辊转动失常

出现这种现象是显影器有问题，复印过程中显影辊驱动离合器线圈衔铁有动作，测其两端亦有电压，说明电路是好的。仔细观察发现复印过程中有时显影辊不转动，这时便出现白页或白条复印件，因为显影辊不转动就不会使感光鼓显影。

拆下显影器，用手转动显影辊驱动齿轮，如发现非常吃力，进一步检查发现显影器内已被墨粉堵满，显影辊转动负载过大。由于驱动离合器是用扭簧带动的，力量不够，所以出现上述现象，清除过多的墨粉，调整墨粉量控制，即可排除此故障。另外，显影辊驱动离合器本身磨损也会出现带不动的现象，印出的复印件亦是如此，应及时更换。

23）感光鼓不转动

此故障多发生于新安装的机器，或是将机器拆开进行保养维修之后。有些复印机的感光鼓上没有驱动齿轮，而是靠其一端突出的一个小圆档来卡住机内感光鼓驱动轮上的槽。如果此档未下到槽内，则会使感光鼓无法转动，复印件上也没有图像。还有一些复印机的感光鼓上有齿轮，并用一根轴穿过鼓心，如果齿轮未达到机内一定部位与机内齿轮相啮合，或感光鼓轴未到位，都会造成感光鼓不转动而无图像的故障。

这时首先应在复印过程中观察感光鼓是否转动，如不转动，应重新安装与感光鼓有关的所有零部件，有些机器在运输过程中，为防止震动，在鼓轴上多加一个环形垫圈，安装时必须取下，否则会发生上述故障。

24）清洁器堵塞

复印机中清洁器的一端或两端装有尼龙齿轮，它与机内驱动齿轮相啮合，驱动清洁器内的螺旋杆转动，使从感光鼓上清洁下来的墨粉源源不断地流向机器近端的废墨粉盒中。

在清洁器出现堵塞、漏粉情况时，首先应检查是否有墨粉块或纸张堵住废粉通路。如果没有，则多为清洁器远端齿轮（一个或两个）牙齿崩掉，无法带动螺旋杆转动，这时应更换上同型号的齿轮。

25）电源开关打开后，操作面板指示灯全不亮，机器无任何动作

• 首先用万用表（置于 AC500 V）检查电源插座是否有交流 220 V 市电，如果没有，检查电源保险丝是否断，如果断了，更换电源插座使之有交流 220 V 市电，然后再往下检查。
• 打开复印机后盖板，找到电源线路保险管（一般为 10 A 或 15 A），将复印机电源开关关掉，用表笔将保险管拨开。用万用表欧姆档检查保险管是否断，如果没有断，根据该机电路图检查 AC 供电系统；如果断了，更换长度和标称值相同的保险管。如果更换新保险管后，继续被烧断，说明电源电路有短路的地方。这时，需要彻底检查电源电路，找出短路原因。除上述检查方法外，还要考虑到机型的本身特点，如 NP-400 的维修总开关 SW1 是否打开，EP-450Z 的前门板或上下机体是否合好，U-Bix3300MR 的定影器是否插接好，定影灯热保险是否断等。

26）定影后输出复印件产生折皱

• 热辊或胶辊复形，或表面涂层脱落复形。
• 定影辊压力不均匀。
• 定影温度过高。

- 复印纸受潮。

27）静电复印机分离失效

分离机构常见故障是分离失效，造成卡纸故障。产生分离失效的原因有以下几个。

- 分离爪分离装置，多半由于电磁铁动作时间不对、电磁铁不工作、分离爪卡住或动作不灵活等原因所造成。
- 用分离带分离时，由于分离带断裂或吸气箱负压过低，复印纸吸不下来。
- 分离电极分离时，由于分离高压无输出或偏低，以及电极丝污染、分离电流减小，都会造成分离失效。
- 输纸不正常，出现双张或多张，使得分离机构不能正常工作，造成卡纸故障；或纸堵塞在清洁装置内，划伤光导层表面。
- 天气干燥，使复印纸与光导层表面静电吸附力过强，造成分离失效。

28）电源开关打开后，只有升温信号，复印键缘灯始终不亮

- 首先检查各门开关是否关好，如果都关好了，往下检查。
- 将机器盖打开，观察定影加热灯是否工作，如工作正常，则热敏阻断路；如不工作，可能定影灯或热保险断了，如果没断，检查定影灯供电电路。

具有自诊断功能的复印机，出现定影器故障时往往显示故障代码，如佳能系列机显示E0、夏普系列机显示 H4 等。

- 还要考虑纸盒是否插好，纸尺寸选择开关是否灵敏等。

29）操作面板上纸盒选择开关不能选择上、下纸盒

- 检查纸盒插入是否到位。
- 检查供纸箱内纸盒尺寸微动开关是否不灵敏或位置不当。
- 检查供纸箱内无纸检测传感器是否灵敏。

30）升温完成，绿灯亮，但复印键按下不起作用

- 如果是理光湿法机，应检查位于绿键下面的复印起始开关（DT850 为 MS8 和 MS9、DT1750 则为 MS9 等）位置是否合适。
- 如果是其他较新型号的复印机，则应检查操作板上绿键复印开关是否灵敏、操作线路板是否有脏污、接触不良、短路等情况使复印信号不能输入。

31）电源开关打开后，操作面板显示灯乱亮

- 主控板有问题，有些触发器模块可能坏了。
- 操作线路板显示电路可能有问题。
- 可能附近有诸如电焊机、电动机等大型用电器在工作。
- 电源电压极不稳。

32）操作面板显示灯亮一阵后全部熄灭

此种现象多发生于有自我保护功能的闭锁电源开关复印机，原因可能是：

- 电源电压极不稳。
- 附近有大型用电器在工作。
- 供电电路个别是主要元件热稳定性能下降。

33）复印键按下后，主马达不停地转，而没有其他复印动作

主马达所带动的时钟脉冲发生器（又称编码器）的光电断路器光孔堵塞或 LED 管，

CDS光敏电阻器损坏，由此而不能产生时钟脉冲信号输入到CPU，致使不能进入复印控制程序。

34）机内污染严重

- 周围环境中灰尘是否很多。
- 机内保养工作是否良好。
- 各空气滤网是否应该清洁或更换。
- 鼓或载体是否已疲劳。
- 供粉量是否不适当或载体量已不够。
- 复印效率是否低或清洁系统是否工作良好。

35）维修保养召唤灯亮

首先应弄清该机型维修保养召唤灯的意义。意义不同，处理方法也不同。

- 属于故障型维修召唤灯，一般还配有故障显示代码，根据故障代码查找故障部位，如有问题，检修排除，并按说明书来消除。
- 属于保养提示灯，最好对机器进行保养，然后将预置保养计数器归零，提示灯自然熄灭。

36）复印机无显示检修步骤

- 检查电源保险管

电源保险管烧坏后，机器无任何显示，拆下保险管可见其内部发黑，管丝已断，烧坏保险管的原因一般是电源过大，为保护机器内部电气装置，保险丝熔断；另外，需要注意的是，应在换好保险管开通机器电源之前，对机内各部分进行一次全面的检查，排除造成短路的故障后，才可进行试机。

- 检查各部分开关

复印机可以打开的各面护板、可以拉出来进行维护的整体部件上都设有使电源接通、断开的微动开关，当机门或拉出的部件回位后即接通了主电源开关。如果机门内的某一部件安装不合适或没有回到应有的位置上，使机门上顶住微动开关钮压片的顶杆到不了位，机门则无法关严。另一常见的原因是微动开关由于长期使用移位，造成接触不良，这时可用改锥代替门顶杆，插入开关孔内，如电源接通，即证明开关位置改变，应将它稍向外调整一点，如果开关损坏，应更换。有些机器面板上虽有显示，但机器的主电源并未接通，仍有一个示意关好机门的指示灯亮，同样应做上述处置。

- 检查其他情况

电源插头未插牢，电源开关损坏或过流保护开关故障因而断开，未经复位。

37）复印机预热不停止检修步骤

开机后，操作面板上的预热信号很长时间不消失，使机器无法复印。

- 检查热敏电阻

检测定影温度的热敏电阻（热传感器）安装在距定影加热辊很近（1 mm左右）的地方，若预热指示灯灭，则复印指示灯亮。当热敏电阻阻值改变或断路时，则无法正确地检测定影辊温度，这时定影加热灯总是亮的，达到预热温度亦不熄灭。另外，热敏电阻与加热辊相对的表面感热面被油污、灰尘等糊住，或热敏电阻加热辊表面距离过长，也会使预热时间变长，甚至检测不到定影温度。应拆下用酒精清洁，安装时调整好与加热辊的距离。

• 检查其他故障

机器因卡纸、墨粉用完、扫描部件有故障等原因而出现故障信号且未排除时，机器则不能继续使用，定影加热电路不能工作，必须在排除了这些故障后才可进行预热。

• 检查定影加热灯

定影加热灯灯丝断开，不再发热发光，或加热灯接触不良，需要修复或更换。

38）影响曝光的因素

曝光是形成静电潜像的重要过程，将直接关系到复印件质量，影响曝光的因素很多，在复印机的使用过程中主要有以下几点。

• 感光鼓的光敏性下降

新感光鼓具有表面电位暗衰慢、明衰快的特点，但使用一段时间即会出现光敏性下降的现象，使曝光后的效果欠佳。

• 曝光光源质量下降

曝光灯长时间使用后，会有较多的灰尘附着其表面，也会出现老化、局部或全部亮度下降的现象，造成曝光不足，这使相当于原稿白底部分的区域得不到较强的光照，明衰不够，曝光后形成的电位过小，使复印件白底部分出现灰色，这就是常见的“底灰”。

• 光学系统污染

曝光时，原稿光像要通过稿台玻璃、反光镜、镜头（或光导纤维），有些机器还有防尘玻璃等折射、透射到感光鼓表面。因此，这些部件的表面沾染上灰尘，即会影响反光、透光效果，同样会出现“底灰”现象。

5.3.2 自我诊断

复印机的自诊断主要有两大功能，分别是元器件输入/输出自诊断和自诊断故障代码。

1. 输入/输出自诊断

复印机的自诊断需要先进入维修调试状态。如何进入维修状态，各维修手册均有详细介绍。

输入诊断则是在复印机进入维修状态的基础上，输入相应的代码，然后改变各传感部件（光电遮断传感器、微触开关、热敏电阻等）的通断状态达到检测它们的工作是否正常。不同机型的代码不同，同一品牌不同型号的代码相近但略有不同，所以应参考各自的维修手册进行测试。

输出诊断则是在复印机进入维修状态的基础上，输入相应的代码，判断各输出零部件（如马达、电磁离合器、继电离合器等）是否有相应的动作，从而判断它们的工作是否正常。

不同机型的代码不同，同一品牌不同型号的代码相近但略有不同，所以应参考各自的维修手册进行测试。具体的代码指令维修手册都有具体说明。

2. 自诊断故障代码

复印机在运行中都会对不同的零部件的运转进行实时监控，如果某一零部件的输入/输出异常，则在复印机的操作面板上显示相应的代码，较常见的故障代码一般有卡纸、门开关、缺墨粉、废粉满等用户可以自行解决的故障。其他一些涉及元器件损坏的代码，诸如曝光异常（灯断、温度保险熔断丝断、曝光灯控制器不良等）、定影异常（定影灯断、热敏电阻不良、固态继电器不良、定影温度保险开关不良、控制板不良等)；扫描灯架移动异常(电机不良、钢丝绳不良、灯架传感器不良、马达控制板不良等)；传动异常(主马达不良、马达驱动板不良、电源板不良、控制板不良等)等，这些则需要专业的维修人员检查或更换零部件后才能解决。

(1) 东芝 BD-2060

1) 下面给出的表 5-1 是东芝系列中 BD-2060 的信息代码，主要是对代码的解释。

表 5-1 东芝 BD-2060 信息代码

代码	代码解释
C1	主电机锁住
C21	光学系统没能完成初始化，光学系统锁住
C26	曝光灯烧坏
C32	开箱(UA)TD 传感器自动调整失败
C41	电源接通时，定影热敏电阻异常或者定影灯开路
C43	在预热期间，或者在预热完成后定影热敏电阻异常
C44	在预热期间，或者在预热完成后定影灯开路
C54	分页器和主 CPU 通信错误
C55	自动进稿器(ADF)和主 CPU 通信错误
C71	ADF 主电机锁住
C72	由定位传感器检测出的不良调整
C73	EEPROM 初始化不良
C81	分页器输纸电机异常
C82	分页器斗移位电机异常
C83	分页器上限错误
C84	分页器下限错误
C85	分页器原位传感器错误
C86	分页器移位传感器错误
C94	在(CH，AJ)模式时，光学系统没能完成初始化，光学系统锁住
E1	机内卡纸
E2	定影附近卡纸
E3	电源 ON 时有纸保留在复印机内
E4	复印期间前门盖被打开
E5	对位辊附近卡纸
E14	下纸盒进纸卡纸
E71	ADF 原稿进稿部分卡纸
E72	ADF 原稿传输部分卡纸
E73	ADF 原稿排出部分卡纸
E75	ADF 2 合 1(第 2 张在原稿传输部分)卡纸
E81	分页器输纸部分复印纸到达时间超过卡纸，纸未到达传感器
E82	分页器输纸部分复印纸等待时间超过卡纸，纸停在传感器

2）下面给出的表 5-2 是东芝复印机的调整代码，包括编码功能、调整范围和默认值。

表 5-2　东芝复印机调整代码(按 0、5 开机)

编码	编码功能	调整范围和默认值
1	手动 100％曝光量调整	范围：0～255，默认值＝128
2	手动 154％曝光量调整	范围：0～255，默认值＝128
3	手动 50％曝光量调整	范围：0～255，默认值＝128
4	手动 200％曝光量调整	范围：0～255，默认值＝128
5	自动 100％曝光量调整	范围：0～255，默认值＝128
6	自动 154％曝光量调整	范围：0～255，默认值＝128
7	自动 50％曝光量调整	范围：0～255，默认值＝128
8	自动 200％曝光量调整	范围：0～255，默认值＝128
9	曝光量上限调整	范围：0～255，默认值＝255
10	曝光量下限调整	范围：0～255，默认值＝0
14	照片 100％曝光量调整	范围：0～255，默认值＝128
15	照片 154％曝光量调整	范围：0～255，默认值＝128
16	照片 50％曝光量调整	范围：0～255，默认值＝128
17	照片 200％曝光量调整	范围：0～255，默认值＝128

（2）佳能 NP-3825、NP-4050

下面给出的表 5-3 和表 5-4 是佳能 NP-3825、NP-4050 的自诊代码，包括代码对应的故障原因和故障范围信息。

表 5-3　佳能 NP-3825 自诊代码

代码	故障原因	故障范围
E000	热敏电阻 TH1 输出在电源打开后 140 s 内达不到 100℃	热敏电阻 TH1 加热器 H1 SSR DC 控制器 PCB
E001	TH1 的输出超过 200℃	热敏电阻 TH1 SSR DC 控制器 PCB
E002	TH1 达到 100℃后，100 s 内未达到 170℃ 在 TH1 达到 170℃后，40 s 内输出未达到 175℃	热敏电阻 TH1 加热器 H1 热熔丝 FU2
E003	预热后，TH1 输出降至 150℃以下	DC 控制器 PCB
E010	在主电机驱动信号产生之后，主马达(DMDEAD)保持为“1”达 1 s	电机 M2 电机驱动器 PCB DC 控制器 PCB
E022	在选择显影器后，CD 单元保持啮合状态达 1.6 s，显影啮合传感器 PS3 为“1” 在 CD 单元被选择后，黑色显影器保持啮合达 1.6 s，PS3 为“0”	显影啮合传感器 PS3 DC 控制器 PCB

续表

代码	故障原因	故障范围
E030	当计数器接通时,计数器驱动信号为“0”则正常;如当计数器关断时,计数器驱动信号为“1”则正常	计数器 CNT1 DC 控制器 PCB
E202	曝光系统马达 PM1 在电源接通后,10 s 内曝光系统初始动作未能完成 传感器在以下情况下将没有错误码显示,但操作面板上所有键均被锁住 AE 后退动作在 3 s 内未完成 在曝光后 5 s 内,后退动作未能完成	曝光系统马达 PM1 DC 控制器 PCB 曝光系统原始位置传感器 PS5
E204	在电源接通以后 10 s 内曝光系统初始动作未能完成 曝光系统原始位置传感器在曝光后 5 s 内前进动作未能完成	曝光系统马达 PM1 DC 控制器 PCB 曝光系统原始位置传感器 PS5
E210	镜头原始位置传感器 PS4 开始旋转过 20 s 后将镜头定位到 DIRECT 复印位置的操作未完成 按下 COPYSTART 键 15 s 后,设定复印倍率的操作仍未完成	曝光系统原始位置传感器 PS5 镜头马达 M3 镜头电缆 DC 控制器 PCB
E220	在曝光灯接通时 LAON 未变成“1” 在曝光灯关断时 LAON 未变成“0”	曝光灯 LA1
E240	DC 控制器 PCB 在主动 CPU(Q101)和从动 CPU(Q102、Q103)之间出现通信错误	DC 控制器 PCB
E401	供纸马达 MU 主轴上装有一个标志,参照此标志遮断供纸辊传感器 S3,可以对 M1 的旋转进行监控 供纸辊传感器 S3,如果 S3 在 1 s 内不能进行 ON/OFF 两次以上,则显示此码	供纸马达 M2 供纸辊传感器 S3
E402	传送带马达 M1 的时钟脉冲在 200 ms 内低于规定值	传送带马达 M1 时钟传感器 S4
E404	排纸马达 M3 的排纸马达时钟在 200 ms 内低于规定值	排纸马达 M3 时钟传感器 S2
E411	原稿传感器 S6 在无纸时传感器输出为 2.3 V 或者以上电压	原稿传感器 S6 定位纸传感器 S7
E710	DC 控制器 PCB 当电源开关接通时,IPC(Q108)无法初始化	DC 控制器 PCB
E712	DC 控制器 PCB 与 DF 的通信错误不能被清除	DC 控制器 PCB DF 控制器 PCB DC 电缆

表 5-4　佳能 NP-4050 维修代码

<table>
<tr><th>代码</th><th>故障范围</th><th>故障原因</th><th>检测方法</th></tr>
<tr><td>E000</td><td>热敏电阻(TH1:接触不良或断线)
定影加热器(H1:开始)
温度调节器(SW4:动作)
SSR 不良
DC 控制器不良</td><td>电源接通后,在 90 s 以内,TH1 的输出温度无法达到 50℃</td><td>(1) 以维修方式＊4＊的 ERROR 解除“E000”。打开前门和排纸部分,使定影加热器冷却。再将电源开关接通 3 s 后,检查定影加热器是否接通
(2) 打开前门和排纸部分,冷却定影加热器。关闭前门,排纸器对准维修方式＊1＊FTMP 检查 10 s,温度停留在 14℃上,在 J40 上检查从 DC 控制器上连接器 J111 至热敏电阻 TH1 的配线,如果正常,则需要更换热敏电阻
(3) 热敏电阻是否均匀地接在定影辊上,如果没有安装好,则需要重新安装
(4) 热敏电阻的接触面清扫后可排除故障
(5) 仅在早晨接通电源时发生,室内温度上升后,故障可以被排除
(6) 更换了热敏电阻后是否正常,如果不正常,则更换 DC 控制器</td></tr>
<tr><td>E001</td><td>热敏电阻(TH1:不良)
SSR 不良
DC 控制器不良</td><td>TH1 的输出温度超过 230℃</td><td>(1) 以维修方式＊4＊的 ERROR 方式解除“E000”。打开前门和排纸部分,使定影加热器冷却。再将电源开关接通后,是否为“E001”,如果是,则检查定影加热器
(2) 把电源开关关闭,拔出 DC 控制器。把万用表范围调到 R×1 K 档,把表笔触到束线的 J60-1 和 J60-3 时,电阻是否大约为 0 Ω(检查后要接通 J60):如果电阻是 0 Ω,则检查从 J111 到 TH1 的配线,如果正常,则更换热敏电阻;如果电阻不是 0 Ω,则更换 DC 控制器</td></tr>
<tr><td>E002</td><td rowspan="2">热敏电阻(TH1:接触不良和断线)
定影加热器(H1:开始)
温度调节器(TS1:动作)
SSR 不良
DC 控制器不良</td><td>TH1 的输出温度达到 50℃后,5 min 以内未达到 190℃</td><td rowspan="2">(1) 以维修方式＊4＊的 ERROR 方式解除指示,再次把电源接通时,与以下一项或两项是否吻合:定影加热器不活动;“E000”显示
(2) DC 控制器上的连接器 J111-A3、J111-A4 及定影加热器的中转连接器 J60 的接触是否良好,如果没有连接好,则重新安装
(3) 热敏电阻与定影上辊是否均匀地接触,如果接触不好,则重新安装
(4) 清除热敏电阻的接触面上的脏污后,故障被排除
(5) 仅在早晨通电源时发生故障,室内温度上升后故障被排除
(6) 更换了热敏电阻后是否正常,如果不正常,则更换 DC 控制器</td></tr>
<tr><td>E003</td><td>TH1 的输出温度达到 40℃以下</td></tr>
<tr><td>E004</td><td>SSR 短路
灯稳压器不良
DC 控制器不良</td><td>接通电源后加热器在断开 3 s 内,测出 SSR 短路异常
加热器断开 3 s 以后,测出 SSR 短路异常</td><td>(1) 接通电源 3 s 后,则应检查定影加热器是否工作,如果不能正常工作,则检查定影加热器
(2) 更换 SSR 后是否正常,如果不正常,则更换 DC 控制器</td></tr>
</table>

续 表

代码	故障范围	故障原因	检测方法
E010	主电机(M2:不良) 电机驱动器不良 DC控制器不良	主电机驱动指令发生后,0.5 s内PLL的脉冲信号未输入到控制板	(1) 到"E010显示之前这段时间,主电机转动是否正常,如果不正常,则应检查锁是否正常 (2) 把万用表置于DC14 V电压挡,按下"复印启动"键或WMUPR开始时,电机驱动板上J814-5(+:MICLK)和J814-4(-:0 V)之间的电压是否从5 V变到2.6 V:否,则更换主电机M1;是,则确认电机驱动板上的连接器J814、J812的接触及J812到DC控制器PCB上的连接器的线路,若正常,则更换电机驱动板或DC控制器 (3) 锁是否正常,如果不正常,则重新安装 (4) 电机驱动PCB上连接器之间的电压是否正常:J811-1(+:24 V)- J811-2(-:0 V) J811-6(+:5 V)- J811-7(-:0 V);若不正常,则熔丝基板上的熔丝 (5) 把万用表调到DC12 V电压挡上,测量在"E010"指示前电机驱动器的J812-5(+:MMD)和J811-7(-:0 V)之间的电压是否从5 V向0 V变化:不变化,则检查J812到DC控制器连接器J102的配线,如果变化,则更换DC控制器 (6) 更换电机驱动器后是否正常,如果不正常,则更换主电机M1
E020	粉仓电机(M10:不良) 显示器粉仓传感器(Q17:不良) 粉仓部传感器(Q18:不良) DC控制板不良	墨粉补充信号(BTSP)和墨粉已无信号(BTSP)"1"的状态在复印中连续累计3 h 墨粉补充信号(BTEP)为"0"墨粉已无信号(BTEP)为"1"的状态连续20 s以上时	(1) 维修方式 * 2 * 的PA2-6(BTSP)是否为"1"。如黑显像器已无墨粉,则要更换墨粉传感器 (2) 根据维修方式 * 4 * 的HPPR-MTR,驱动粉仓电机时,粉仓电机是否旋转,如果不转,则应检查驱动电路 (3) 粉仓的墨粉传感器是否正常。粉仓是否已无墨粉可取仍然显示有粉。维修方式 * 2 * 的PA5-6(BTEP)是否为"1",如果不是"1",则更换墨粉传感器Q18 (4) 将粉仓由复印机卸下看粉仓底部的快门动作是否正常,如果不正常,则检查显像器的墨粉补充口和粉仓的快门 (5) 拆卸粉仓电机,用手能否顺利转动螺丝的驱动齿轮,如果能够转动,则检查墨粉传感器到DC控制器之间的束线,若无异常,则更换DC控制器
E030	计数器(CNT1:断线) DC控制器 PCB(出现故障)	计数器正常时,计数器驱动指令不等于"0";另外,计数器关闭时,计数器驱动指令不等于"1"	
E202	光学系统原始位置传感器(Q8:不良) 光学系统电机(M2:不良) 电机驱动板不良 DC控制板不良	光学系统开始运转后,约5 s之内不能回复原始位	

续表

代码	故障范围	故障原因	检测方法
E203	光学系统电机(M2:不良) 光学系统钢缆不良 电机驱动板不良 DC控制板不良	光学系统电机驱动信号发出约0.4 s,PLL脉冲信号未能从电机输入到控制板	(1)“E203”点亮之前,光学系统是否工作,如果不能工作,则检查光学系统 (2)检测测试范围DC12 V。光学系统开始前进时电机驱动的J813-6(+:M2CLK)和J813-5(-5:0 V)之间的电压是否在0 V或5 V至约2.6 V之间变化。电压不变化,检查光学系统驱动电机;电压变化,检查电机驱动连接器J812、J813的接触及J812到DC控制器的连接器J102的配线,若正常,则更换电机驱动器PCB或DC控制器
E204	光学系统原稿台端传感器(Q9:不良) 电机驱动板不良 DC控制板不良	光学系统前进开始运转后,0.5 s没有脉冲信号输出	(1)按“复印启动”键时,光学系统是否前进,如果不动作,则检查光学系统 (2)光学系统原稿端传感器Q9是否正常:不正常,则检查DC控制器到Q9的配线,若正常,则更换Q9;否则更换DC控制器PCB
E210	镜头原始位置传感器(Q7:不良) 镜头电机(M3:不良) 镜头电线不良 DC控制器不良	预旋转开始后,镜头向等倍率位置移动超过20 s以上“复印启动”键接通后,镜头向指定的倍率位置动作用了15 s以上时	(1)将电源开关切换到接通时,镜头是否移到左边,如果不动作,则检查镜头部分 (2)镜头向左移动后,镜头碰到左边之前是否停止在镜头原始位置上,如果停止,则说明正常 (3)镜头原位传感器Q7是否正常:不正常,则检查从DC控制器PCB到Q7的配线,若正常,则更换Q7;否则,更换DC控制器PCB
E240	DC控制板不良	主CPU与Q223之间通信异常	电源开关关断/接通是否良好,不正常,则检查DC控制器PCB
E710	DC控制器不良	电源开关接通时,IPC(Q104)没有初始化	
E711	DC控制板不良	1 s内再次输出IPC通信错误	
E800	动力下降电路不良(SW1的继电器驱动电路)	检出断线	拆下电源开关SW1的J22(2销),检测电源开关一侧的J22-1和J22-2之间是否导通:不导通,更换电源开关(SW1);导通,检查DC控制器PCB上的J111到J22的束线,无异常,则更换DC控制器PCB
E401	供纸电机不良	供纸电机M1的轴上安装有报警器,这种报警信号器与供纸辊传感器S5检测M1电机的运转状态,而S5在1 s之内要进行两次以上接通/关闭	
E402	报警电机不良	200 ms间的传送脉冲数据在规定的时间以下	

续 表

代码	故障范围	故障原因	检测方法
E403	输送电机不良	200 ms 间的传送脉冲数据在规定的时间以下	
E411	原稿检测传感器不良	无纸状态传感器输出电压在2.3 V以上	
E712	DC 控制板不良 DC 控制板不良 DF 电缆不良	DF 的通信错误不能解除	

(3) 理光系列

表 5-5、表 5-6、表 5-7、表 5-8、表 5-9 分别是理光系列中 FT-4065、FT-4085、FT-4215、FT-4480、FT-5640 的维修代码，其中包括代码对应的故障部位、故障原因和检测方法。

表 5-5 理光 FT-4065 维修代码

代码	故障部位	故障原因	检测方法
E1	曝光灯故障	曝光灯需要点亮时熄火	• 关闭开关 • 检查曝光灯是否亮 • 关闭主开关 • 脱开曝光等调压器插头 CN2 • 接通主开关 • 曝光灯是否发亮 • 更换曝光灯调压器 • 更换主电路板 • 冷却风扇是否转动 • 插头 T61 和 T62 之间的电压值是否为 100 V • 检查并校准前盖熔丝开关 SW-AC(1)接触状况 • 更换前盖熔丝开关 SW-AC(1) • 曝光灯的两个接线端之间的电阻是否无限大 • 更换曝光灯 • 曝光灯调压器上的 CN-1 和 CN-2 之间的阻值是否无限大 • 检查并校正束线和接头 • 按下“复印”键时，CN2-4 和 CN01-A21 之间的电压值是否为0 V • 更换灯稳压器 • 更换主电路板
E2	曝光灯继电器断路	11 s 计时器计时超过 11 s	• 主开关接通时，曝光灯是否亮 • 关断主开关 • 脱开曝光灯稳压器上的插头 CN2 • 接通主开关 • 曝光灯是否发亮 • 更换曝光灯稳压器 • 确保 CN2 插好 • 按下“复印”键 • 按下“复印”键后，CN101-B16 保持低电平是否大于 7 s • 更换曝光灯稳压器

续 表

代码	故障部位	故障原因	检测方法
E3	没有定位触发信号		• 更换主电路板
E4	扫描器没有处于原位	接通电源后的400个脉冲之内，扫描器未返回原位位置	• 清洁扫描器导杆 • "E4"信号是否仍然亮 • 当扫描器处于原位时，CN101-B10是否为高电平，而当扫描器不在原位时，CN101-B10是否为低电平 • 检查并插好扫描原位传感器 • 更换扫描器原位传感器 • 更换主电路板
E5	没有扫描器原始信号	主CPU未收到来自光学CPU的"扫描器原位位置信号"	• 更换主电路板
E6	镜头原位传感器没有送出接通信号	镜头原位传感器无输出信号	• 关断主开关 • 拆除曝光玻璃和曝光罩 • 镜头驱动钢丝绳是否松或断 • 校正镜头驱动钢丝绳 • 更换镜头驱动钢丝绳 • 用手把镜头座移至倍率缩小位置 • 接通主开关 • 镜头驱动电机是否转动 • CN101-B6的电压是否为(16.5±0.5) V • 更换镜头电机 • 更换主电路板 • 关断主开关 • 用手把镜头座移至倍率放大位置 • 接通主开关 • CN101-B12是否停留在高电平 • 更换镜头原位传感器 • 更换主电路板
E7	镜头原位传感器没有送出关闭信号	缩小放大倍率由缩小变放大时，镜头原位传感器仍为低电平	• 关断主开关 • 拆除曝光玻璃和曝光罩 • 镜头驱动钢丝绳是否松或断 • 校正镜头驱动钢丝绳 • 更换镜头驱动钢丝绳 • 用手把镜头座移至倍率放大位置 • 接通主开关 • 驱动电机是否转动 • CN101-B6的电压是否为(16.5±0.5) V • 更换镜头电机 • 断开主开关 • 用手把镜头座移到倍率缩小位置 • CN101-B12是否停留在低电平 • 更换镜头原位传感器 • 更换主电路板
E8	扫描速度过快	扫描器速度过高	• 扫描器驱动钢丝绳是否松或断 • 拉紧或更换钢丝绳 • 更换主电路板 • "E8"是否仍然亮 • 更换扫描器电机

续 表

代码	故障部位	故障原因	检测方法
E9	扫描速度过慢	扫描器速度过低或不能移动	• 关断主开关 • 将扫描器移至原位位置 • 接通主开关 • “E4”是否出现 • 更换扫描器原位传感器 • 在扫描器向前移动时,CN101-B1 之间电压是否为 15 V • CN101-B2 和 CN101-A1 之间电压是否为 15 V • 更换主电路板 • 熔丝 4 是否被安装好 • 更换熔丝 4 • 更换电源装置 • 在扫描器向前移动时,CN101-B14 是否出现(2.35±0.01) V 电压 • 更换扫描器电机 • 更换主电路板
EA	温度熔丝熔断	热辊温度到达 210℃ 时间超过 3 s	• 关断主开关 • 拉出定影装置,并再将其插入 • 接通主开关 • “EA”是否出现 • 温度熔丝阻值是否无限大 • 更换保险丝 • 确保定影装置完全插入 • CN101-A15 上的电压是否是 24 V • 检查并校正 CN101-A15、CN64-8 之间连接情况 • CN102-A20 的电压是否为 0 V • 更换主电路板 • 更换温度控制板
EB	热敏电阻烧断	热辊温度 2 s 内不能升到 100℃	• 温度控制板上的 CN101-2 与 CN101-6 之间的阻值是否无限大 • CN43-1 与 CN43-2 之间的阻值是否无限大 • 更换定影热敏电阻 • 检查并校正连接器触点 • CN101-B18 是否出现接通 • 更换主电路板 • 检查并校正连接器触点
EC	没有准备信号“ON”	热辊温度 8 s 内不能升到 150℃,预热后,温度降到低于 150℃	• 主开关接通时,定影灯是否亮 • 把定影装置冷却,降至 25℃ • 定影装置温度为 15～25℃ 时,热敏电阻阻值是否为 (123±27)kΩ • 更换热敏电阻 • 更换主电路板 • CN102-A20 是否出现 0 V • CN101-B18 是否超过 2.7 V • 更换热敏电阻 • 更换主电路板 • T65 和 T66 之间是否出现 AC220 V(AC115 V)电压 • 更换交流安全开关 • T65 和 T68 之间的电压是否为 AC220 V(AC115 V) • CN101-B25 是否为 0 V • 更换主电路板 • 更换主继电器 • 定影灯的阻值是否为无限大 • 更换定影灯 • T41(T42)和 T70(T67)之间的连接是否正确 • 校正束线接点 • 更换温度控制板

续表

代码	故障部位	故障原因	检测方法
ED	脉冲信号发生器故障	在复印周期中,约2 s内接到脉冲信号	• CN11是否松动 • 插好CN11 • CN101-A17是否停在低电位或高电位 • 更换信号发生器 • 更换主电路板
EE	总计数器故障	当总计数器出故障或它的连接断开时,CN101-A16接收不到任何脉冲	• CN38是否松动 • 插好CN11 • 装好新的总计数器 • 是否仍出现"EE" • 复原前面移动过的部件,检查是否起作用
EF	光控部分故障		• 更换主电路板

表5-6 理光FT-4085维修代码

代码	故障部位	故障现象	检修方法
E11	灯调节有故障 主控板有故障 曝光灯灯丝断 曝光灯脱落 曝光灯束线烧断 B继电器未跳开 曝光灯支架弹片烧焦	曝光灯回扫时待机灯点亮	• 检查主控板CN101-A19的电压约为24 V,更换灯调节器;约为0 V,更换主控板(灯不亮时) • 检查主控板CN102-B19的电压约为5 V,更换灯调节器;约为0 V,更换调节器 • 检查曝光灯灯丝是否断,若断,则更换
E12	曝光灯继电器断开 曝光灯调节器有故障 主控板有故障	曝光灯接通时间大于(10±4) s	• 检查曝光灯灯亮时间(通常A3复印件曝光灯灯亮时间约为3.3 s) • 检查主控板CN101-A19的电压约为24 V,更换灯调节器;约为0 V,更换主控板 • 检查主控板CN102-B4的电压约为24 V,更换主控板,约为0 V,更换灯调节器
E13	扫描驱动机构有故障 光控板有故障 主控板有故障	扫描架不回位	• 检查扫描架是否正常动作,扫描架移动时,更换光控板;扫描架不移动时,检查扫描钢丝绳 • 检查扫描电机驱动滑轮
E23	光控板有故障 主控板有故障 扫描电机有故障(启动过程)	扫描架启动2.7 s后,还未接收到从光控板上传来起始位置启动信号	• 检查、更换光控板 • 检查、更换主控板(更换IC120集成电路) • 检查、更换扫描电机
E24	光控板有故障 主控板有故障	回扫信号发出20 s后,没有扫描起始位置传感器送出的信号	• 检查、更换光控板 • 检查、更换主控板(更换IC120集成电路) • 检查、更换扫描电机
E28	镜头起始位置传感器有故障 镜头驱动机构有故障 光控板有故障 镜头驱动电机有故障	镜头起始位置传感器输出总是低电平	• 检查镜头动作是否正常。正常时:检查光控板CN302-A11的电压,电压不正常时,更换镜头起位置传感器,电压正常时,更换光控板。镜头位置在1.1缩小时,为0.5 V以下,放大时,为4.5 V以上。异常时:检查镜头驱动机构;检查、更换主控板;检查、更换镜头驱动电机

续表

代码	故障部位	故障现象	检修方法
E29	镜头起始位置传感器有故障 镜头驱动机构有故障 光控板有故障 镜头驱动电机有故障	镜头起始位置传感器输出总是高电平	• 检查镜头动作是否正常。正常时:检查光控板 CN302-A11 的电压,电压不正常时,更换镜头起始位置传感器;电压正常时,更换光控板。镜头位置在 1.1 缩小时,为 0.5 V 以下,放大时,为 4.5 V 以上。异常时:检查镜头驱动机构;检查、更换主控板;检查、更换镜头驱动电机
E2C	扫描电机有故障 光控板有故障 电源电压有故障	扫描电机超速	• 检查扫描电机编码器的输出,有故障时,更换扫描电机 • 检查、更换主控板 • 检查电源电压
E2D	扫描起始位置传感器不检测 VM 电压不正常 VE 电压不正常 扫描电机有故障 光控板有故障 扫描导轨脏或变形 紧固玻璃标尺的螺钉长了	扫描电机转速低	• 检查光控板 CN302-A9 的电压,电压不正常时,更换镜头起始位置传感器,扫描起始位置 4.5 V 以上,扫描起始位置以外 0.5 V 以下检查光控板 VN(CN305-2 接地)及 VE (CN303-A3)的电压,VM 为 15 V(无负载时为 27 V) (CN305-2 接地)VE 为 5 V VM 异常时检查电源板的 FU3 熔丝是否熔断,如没问题,则换电源板部件;VE 异常时,更换电源板 • 检查扫描电机编码器的脉冲数,若有脉冲,则更换扫描电机 • 检查、扫描主控板
E52	定影部位的安装有问题 温度熔丝坏 主控板有故障 双向晶闸管漏电	温度熔丝坏	• 检查定影部件的安装说明 • 检查主控板的 CN102-A4 的电压约为 24 V,更换主控板,约为 0 V,检查温度熔丝定影温度
E53	硒鼓温控用热敏电阻坏(开路) 定影热敏电阻坏或过热短路 温控板有故障 主控板有故障	热敏电阻坏	• 检查主控板 CN102-A19 的电压约为 24 V,更换主控板 • 检查硒鼓热敏电阻,有问题时,更换热敏电阻,没有问题时,更换温控板

表 5-7 理光 FT-4215 维修代码

代码	故障原因	故障排除方法
E11	曝光灯开路 热敏开关开路 交流驱动板损坏 主控板损坏 曝光灯束线损坏	检查主控板 CN122-7,电压为 24 V,更换曝光灯 TP105 电压高于 4.2 V,更换 CN103-1 和 CN104-1 电压为 0 V,检查
E12	交流驱动板损坏 主控板故障	CN122-7 电压是否小于 20 V,CN122-5 电压是否小于 0.5 V。如是,则更换交流驱动板;否则,更换主控板
E22	扫描起始位置传感器损坏	确认 CN437、CN437436、CN437431 连接
	扫描电机故障	检查 CN431-1 和 CN431-6 电压
	主控板故障	检查 CN431-2 和 C N431-5 电压
	主直流电源故障	检查 CN431-1 电压
	交流驱动板故障	检查 CN431-2 和 CN431-5 电压
	直流束线故障	更换
	扫描传动钢丝绳位置错误	更换

续表

代码	故障原因	故障排除方法
E28	镜头起始位置传感器损坏	检查 CN436 和 CN432 连接是否正确
	镜头驱动电机故障	检查 CD432-2 和 CD432-5 电压
	主控板故障	检查 CN142-7 和 CD142-10 电压
	交流驱动板故障	检查 CD432-2 和 CN432-5 电压
	镜头传动机构有故障	更换
E29	镜头起始位置传感器损坏	确认 CN437、CN436 和 CN431 的连接
	镜头传动电机故障	检查 CD432-2 和 CD432-5 的电压
	主控板故障	检查 CN108-1 和 CN108-2 电压
	交流驱动板故障	检查 CD432-2 和 CD432-5 电压
	直流束线故障	更换
	镜头传动机构有故障	更换
E2A	第 4、第 5 反射镜起始位置传感器损坏	确认 CN108 和 CN106 是否正确连接
	反射电机故障	检查 CN106-2 和 CN106-5 电压
	主控板故障	检查 CN106-1 和 CN106-6 电压
	第 4、第 5 反射镜传动机构故障	更换
	直流束线故障	更换
E2B	第 4、第 5 反射镜起始位置传感器损坏	确认 CN108 和 CN106 是否正确连接
	反射电机故障	检查 CN106-2 和 CN106-5 电压
	主控板故障	检查 CN106-1 和 CN106-6 电压
	第 4、第 5 反射镜传动机构故障	更换
	直流束线故障	更换
E52	定影灯开路	插好 T405 和 T406
	热熔丝开路	检查并更换
	主控板故障	检查 CN122-2 电压
	交流驱动板故障	TP103 的电压是否增加
	交流束线故障	更换
E53	热敏电阻短路	更换
	交流驱动板故障	检查 CN122-6 电压
	主控板故障	检查 TP103 电压
	定影束线短路	更换
E55	热敏电阻开路	更换
	交流驱动板故障	检查 CN122-6 电压
	主控板故障	检查 CN122-2、CN122-4、CN122-6 电压
	定影灯开路	更换
E70	废粉满	检查并更换
	废粉满传感器开路	检查并更换
	主控板故障	检查 CN101-9 电压

续 表

代码	故障原因	故障排除方法
E82	夹纸位置传感器损坏	检查并更换
	夹纸电机故障	检查 N705-2～CN705-5 电压
	双面主控板故障	检查同上
	复印机主控板故障	检查同上
色粉浓度异常	Vsp 电压不正确	用 PS55 检查
	ID 传感器脏	清洁或更换
	色粉浓度低	更换
	主控板故障	更换

表 5-8　理光 FT-4480 复印机故障代码

代码	显示	代码	显示
11	曝光灯异常	31	晒鼓热敏电阻
21	扫描器原位传感器常断	32	图像密度传感器
23	没有定位起始信号	41	第三纸盒托盘升纸马达
24	没有扫描器原位信号	53	定影热敏电阻异常
28	镜头原位传感器常断	54	定影温度不能升高
29	镜头原位传感器常通	55	定影过热
2A	第二扫描器原位传感器常断	56	定影温度太低
2B	第二扫描器原位传感器常通	61	脉冲发生器异常
2C	扫描器马达太快	91	总计数器异常
2D	扫描器马达太慢	93	光学与主控通信失灵

表 5-9　理光 FT-5640 维修代码

方式所属类型	方式编号	功能
供纸/输纸/定影	1-001	对位
	1-003-xxx	供纸时序
	1-008	卡纸检测
	1-103	定影空载
	1-104	定影温度控制
	1-105-xxx	定影温度调整
	1-106-xxx	定影温度显示
	1-108	强制启动
	1-801	每分钟复印量下降选择
	1-902	齐纸板间隔调整(侧挡板)
	1-905	齐纸板间隔调整(反挡板)
	2-001	鼓充电电压调整(供复印)
	2-002-xxx	鼓充电电压显示
	2-003	鼓充电压高速(供制作 Vsp 样图)
	2-101-xxx	先端/尾端删边空白调整

续表

方式所属类型	方式编号	功能
供纸/输纸/定影	2-201-xxx	显影偏压调整
	2-203	显影偏压调整(供制作 Vsp 样图)
	2-206-xxx	显影偏压显示
	2-207	强制补粉(显示屏显示"Compulsory Toner upply"(强制补粉)
	2-208-001	补粉方式选择
	2-208-002	补粉率(TD 传感器补粉方式)
	2-208-003	补粉率(定量补粉方式)
	2-214	TD 传感器初期设定
	2-215-xxx	TD 传感器输出显示
	2-220	TD 传感器初期输出显示
	2-222	补粉率(检测补粉方式)
	2-301-xxx	转印电流调整是仅供工厂使用:不要改变设置
	2-801	搅拌显影剂
	2-802	鼓充电辊湿度
	2-812	鼓反转调整
	2-901	鼓充电辊清洁间隔时间
	2-902	未使用
过程控制	3-001	ID 传感器初期设定
	3-002	ID 传感器初期设定显示
	3-103-xxx	ID 传感器输出显示
	3-105	VL 强制检测
	3-106	初期 VL/VLG 显示
	3-107	当前 VLP/VLG 显示
	3-111	当前 VRP/VRG 显示
	3-112	VR 强制检测
	3-123	鼓初始化
	3-801	自动过程控制方式选择
	3-901	空运转(曝光灯熄灭)
	3-902	强制性过程控制
光学	4-001	曝光灯电压调整
	4-002	曝光灯电压显示
	4-008	垂直倍率调整
	4-011-xxx	镜头横向原位调整
	4-013	扫描架空运转
	4-101	水平倍率调整
	4-102	镜头误差校正
	4-103	聚焦调整
	4-201	自动 ADS 增益调整
	4-202	ADS 初期增益显示

续 表

方式所属类型	方式编号	功能
光学	4-203	ADS实际增益显示
	4-301	APS传感器功能检查
	4-302	选购件APS传感器(仅指LT机器)
	4-303	APS A5/HL检测
	4-901	APS尺寸优先(指F4尺寸)
	4-902	APS 8K/16K检测(仅指A4机器)
操作	5-001	全部显示点亮
	5-002	优先纸路选择
	5-003	APS优先选择
	5-004	ADS优先选择
	5-013	计数器递增/递减选择
	5-017	最大复印数量计数(复印限制)
	5-019-xxx	纸尺寸设定
	5-021-xxx	双面复印优先选择(能源之星)
	5-022-xxx	能源之星选择
	5-101	自动复位时间设定
	5-102	自动节能时间设定
	5-103	自动纸盘切换
	5-104	A3/DLT加倍计数
	5-106	图像浓度等级校正(ADS校正)
	5-107-xxx	图像移动白边调整
	5-108	边框删除白边调整
	5-110	中央删除白边调整
	5-113	投币锁安装
	5-115	双面图像移动(背面白边)
	5-121	T/C(总数计数器)递增计数时序
	5-122-xxx	OHP间衬纸方式的选择
	5-127	APS检测
	5-305-001	自动关机时间设定
	5-305-002	自动关机的选择
	5-401	用户代码方式
	5-402	用户代码计数器检查
	5-404-xxx	用户代码计数器清除
	5-405	用户代码号码设定
	5-407-xxx	用户代码号码清除
	5-408	已登记用户代码总数显示
	5-410	用户代码复位时间的设定
	5-501-001	PM周期设定
	5-501-002	PM周期设定(PM报警方式设定)

续表

方式所属类型	方式编号	功能
操作	5-504	仅在日本使用,不要改变工厂设定
	5-505	仅在日本使用,不要改变工厂设定
	5-507	仅在日本使用,不要改变工厂设定
	5-801	内存全清
	5-802-xxx	空运转方式
	5-803	输入检查方式
	5-804	输出检查方式
	5-810	SC 复位
	5-811	仅在日本使用,不要改变工厂设定
	5-812	电话号码输入(仅指 A207 复印机)
	5-816	仅在日本使用,不要改变工厂设定
	5-817	仅在日本使用,不要改变工厂设定
	5-905	APS A4/LT 横送优先
	5-906	手动装订复位时间设定
	5-907	封页方式选择
	5-908	图像移动/删除选择
	5-909	数字键变倍/尺寸倍率
	5-910	操作指导的语种设定(仅指 A207 复印机上)
周边设备	6-001	SADF 自动复位时间设定
	6-003	自动分页选择
	6-005	双面复印进最终的奇数原稿空白复印
	6-006-xxx	DF 对位调整
	6-009	DF 的带纸空运转
	6-010	自动 APS 选择(DF)
	6-011	厚/薄原稿方式选择
	6-101	分页器安装
	6-102	分页器堆叠限制
	6-104	装订张数限制
	6-105-xxx	订书针位置调整
	6-107	分页器空运转方式
计数器	7-001	总运转时间显示
	7-002	原稿总计数器显示
	7-003	RDS/CSS 复印收费计数器显示,此方式仅用于在日本才提供的一些特殊功能。不过,此方式能显示复印了多少原稿(DF 方式+压板方式的总数)
	7-004	RDS/CSS 复印量计数器初期设定,此方式仅用于在日本才提供的一些特殊功能。不过,此方式能显示已复印的复印件张数
	7-101-xxx	纸尺寸和复印总数
	7-203	鼓计数器
	7-204-xxx	供纸装置计数器

续表

方式所属类型	方式编号	功能
计数器	7-205	DF 计数器
	7-206	装订器计数器
	7-301-xxx	倍率和复印总数
	7-401	维修呼叫总数计数器
	7-402	维修代码和呼叫数计数器
	7-501	卡纸总数计数器(复印纸+原稿)
	7-502	纸尺寸和总卡纸数+(注:这实际是复印纸卡纸总数计数器。该计数器并没有按纸尺寸分开)
	7-503	原稿卡纸总数计数器
	7-504-xxx	位置和卡纸总数
	7-505-xxx	位置和原稿卡纸总数
	7-801-xxx	主 ROM 版本显示
	7-803	PM 计数器检查
	7-804	PM 计数器清除
	7-807-001	SC 计数器清除
	7-807-002	复印纸卡纸计数器复位
	7-807-003	原稿卡纸计数器复位
	7-808	计数器全部清除
	7-810	复印计数器清除
	7-811	DF 计数器清除
	7-816-xxx	供纸计数器清除

(4) 美能达 3170

表 5-10 是美能达 3170 的维修代码,包括代码相对应的故障原因和检测方法。

表 5-10 美能达 3170 维修代码

故障代码	故障原因	检测方法
C1	负压风机失灵	• 负压风机应高速运转,若连续 10 s 停止不动,均会被检测到
C4	曝光灯失灵	• 曝光灯在接通时却保持断开状态 10 s,或应断开时却持续接通 10 s,均会被检测到
C5	预热故障	• 在主开关接通后 60 s 内,定影温度达不到 100℃ • 在电源开关接通 120 s 之内,定影温度达到 100℃,热辊温度达不到 185℃
C6	光学系统失灵	• 在 200 ms 内,SCP 没能收到从 CPU 来的 M1B 信号 • 初始程序后 11.32 s 内,扫描车不在原位,而扫描车原位探测器 PC4 不能进入低电平 • 预扫描时,镜头往缩小方向移动后 7.38 s,而镜头原位探测器 PC5 不能进入高电平;或在预扫描后,镜头移动到等倍位置 7.38 s,而 PC5 还不能进入低电平 • 预扫描期间,反射镜向放大方向移动或缩小方向移动,在 2.56 s 内第 4、5 反射镜的原位探测器 PC6 没能进入高电平;或预扫描后,反射镜走到等倍位置。2.56 s 内 PC6 没能进入低电平

(5) 松下 FP-7713/7715

表 5-11 是松下系列中 FP-7713/7715 的自诊代码。

表 5-11 松下 FP-7713/7715 自诊代码

E101	光学部传感器光学部驱动板故障	E322	防黑胶片异常
E121	光学传感器、马达、光学驱动板故障	E330	清洁灯故障
E122	反射镜传感器、反射镜驱动马达故障	E401	定影器故障
E132	色度检测板故障	E410	定影器排风扇故障
E140	光学冷却风扇 A 故障	E501	24 V 低压电源故障
E141	光学冷却风扇 B 故障	E504	10 V 低压电源板、CPU 板故障
E220	手送纸传感器故障	E535	主控板信号故障
E303	碳粉密度传感器故障	E542	计数器故障
E310	高压漏电	U13	碳粉不足
E320	主马达故障	U16	载体槽不良

(6) 夏普 161、AL-1240 、AR-158

表 5-12、表 5-13、表 5-14 是夏普 161、AL-1240 和 AR-158 的模拟代码、维修代码和故障代码。

表 5-12 夏普 161 模拟代码

主代码	子代码	功能
1	1-1	确认反射镜装置动作
	1-2	确认光学系传感器动作
2	2-1	SPF 老化
	2-2	确认 SPF 传感器动作
	2-3	确认 SPF 电动机正转方向动作
	2-4	确认 SPF 电动机逆转方向动作
	2-8	确认 SPF 进纸电磁阀动作
	2-11	确认 SPFPS 解除电磁阀动作
3	3-2	确认移动分离传感器动作
	3-3	确认分页器移动动作
	3-4	确认分离板动作
	3-11	确认分页器原位动作
5	5-1	确认操作部分显示
	5-2	确认加热灯亮,确认冷却风机电机动作
	5-3	确认复印灯亮
6	6-1	确认进给电磁阀动作
	6-10	驱动主纸盒半圆辊
7	7-1	预热时间显示有 JAM 老化
	7-4	预热省略
	7-6	间歇老化(有纸)
	7-8	预热时间表示

续 表

主代码	子代码	功能
10	-	确认墨粉电机动作
14	-	解除 U2 以外的故障
16	-	解除 U2 故障
20	20-1	清除保养计数
21	21-1	保养循环的设定
22	22-1	保养计数器的显示
	22-2	保养预置值显示
	22-3	卡纸储存的显示
	22-4	总卡纸计数显示
	22-5	总计数器显示
	22-6	显影计数器显示
	22-8	SPF 计数器显示
	22-9	进纸计数器显示
	22-12	感光鼓计数器显示
	22-14	FLASHROM 的版本
	22-15	故障储存器显示
	22-17	复印计数器显示
	22-18	打印计数器显示
	22-19	电子分类计数器显示
	22-21	扫描计数器显示
24	24-1	卡纸储存器清除、卡纸计数器清除
	24-2	故障储存器清除
	24-4	SPF 计数器清除
	24-6	进纸计数器清除
	24-7	感光鼓计数器清除
	24-8	复印计数器清除
	24-9	印刷计数器清除
	24-10	电子类计数器清除
	24-13	扫描计数器清除
25	25-1	确认主电机动作
	25-10	确认 LSU 多面镜电动机动作
26	26-1	选件开关的显示
	26-3	部门管理器的设定
	26-5	计数器方式设定
	26-6	发送地设定
	26-10	机种名称设定
	26-22	语言设定
	26-30	CE 标记对应控制设定
	26-32	风扇旋转状况变化

续表

主代码	子代码	功能
26	26-38	感光鼓超寿命停止设定
	26-42	转印时间调整
	26-50	黑白转换功能设定
	26-51	分页/分组停止转换设定
30	30-1	确认本体传感器动作
41	41-2	调整 OC 原稿检测传感器
	41-3	原稿检测传感器受光电平显示
43	43-1	定影温度设定
46	46-1	复印浓度电平调整
48	48-1	主扫描方向倍率调整
	48-2	复印时 OC 方式副扫描方向倍率调整
	48-5	复印时 SPF 方式副扫描方向倍率调整
50	50-10	用纸中心偏移调整
	50-13	OC 方式原稿中心偏移调整
51	51-02	对位量调整
63	63-1	确认校正数据
64	64-1	自我打印功能

表 5-13　夏普 AL-1240 维修代码

主代码	子代码	功能
1	1-1	确认反射镜装置动作
	1-2	确认光学系统传感器动作
2	2-1	SPF 老化
	2-2	确认 SPF 传感器动作
	2-3	确认 SPF 电动机正转方向动作
	2-4	确认 SPF 电动机逆转方向动作
	2-8	确认 SPF 进纸电磁阀动作
	2-11	确认 SPFPS 解除电磁阀动作
3	3-2	确认移动分离传感器动作
	3-3	确认分页器移动动作
	3-4	确认分离板动作(检测是否正常转动)
	3-11	确认配页器原位动作
5	5-1	确认面板部显示
	5-2	确认加热灯亮,确认冷却风机电动机动作
	5-3	确认复印机灯亮
6	6-1	确认进纸电磁阀动作
	6-10	驱动主盒半圆辊

续 表

主代码	子代码	功能
7	7-1	预热时间表示有 JAM 老化
	7-4	预热省略
	7-6	间歇老化有纸
	7-8	预热时间表示
10	-	确认墨粉电动机动作
14	-	解除 U2 以外的故障
16	-	解除 U2 故障
20	20-1	清除保养计数
21	21-1	保养循环的设定
22	22-1	保养计数器的显示
	22-2	保养预置值显示
	22-3	卡纸储存的显示
	22-4	总卡纸计数显示
	22-5	总计数显示
	22-6	显影计数器显示
	22-8	SPF 计数器显示
	22-9	进纸计数器显示
	22-12	感光鼓计数器显示
	22-14	FLASHROM 的版本
	22-15	故障储存器显示
	22-17	复印计数器显示
	22-18	打印计数器显示
	22-19	电子分类计数器显示
	22-21	扫描计数器显示
24	24-1	卡纸储存器清除
	24-2	故障储存器清除
	24-4	SPF 计数器清除
	24-6	进纸计数器清除
	24-7	感光鼓计数器清除
	24-8	复印计数器清除
	24-9	印刷计数器清除
	24-10	电子类计数器清除
	24-13	扫描计数器清除
25	25-1	确认主电机动作
	25-10	确认 LSU 多面镜电动机动作
26	26-1	部件开关的显示
	26-3	部门管理器的设定
	26-5	计数器方式设定
	26-6	送地设定

续表

主代码	子代码	功能
26	26-10	机种名称设定
	26-22	语言设定
	26-30	CE 标记对应控制设定
	26-32	风扇旋转状况变化
	26-38	感光鼓超寿命停止设定
	26-42	转印时间调整
	26-50	黑白转换功能设定
	26-51	分页分组临时停止转换设定
30	30-1	确认本体传感器动作
41	41-2	C 原稿检测传感器
	41-3	原稿检测传感器受光电平显示
43	43-1 O	定影温度设定
46	46-1	复印浓度电平调整
48	48-1	主扫描方向倍率调整
	48-2	复印时 OC 方式副扫描方向倍率调整
	48-5	复印时 SPF 方式副扫描方向倍率调整
50	50-10	用纸中心偏移调整
	50-13	OC 方式原稿中心偏 50～16 mm,SPF 方式原稿中心则要进行偏移调整
51	51-02	对位量调整
63	63-1	确认校正数据
64	64-1	自我打印功能

表 5-14　夏普 AR-158 故障代码

主代码	副代码	故障内容
E7	01	双面模式内存安装出错,内存检测出错
	02	HSYNC 没有检测到
	10	CCD 黑电平检测故障
	11	CCD 白电平检测故障
	12	黑白校正故障
	16	激光输出故障
F2	04	墨粉盒出错
F5	02	曝光灯断开故障
H2	00	热敏电阻断开
H3	00	热辊高温异常
H4	00	热辊低温异常
L1	00	进纸开始后,在规定时间里,进纸没有完成
L3	00	在指定的时间内,反光镜座未返回
L4	01	主电机锁定
L6	10	多面镜电机锁定
U2	01	和校验出错
	04	EEPROM 串行通信出错
	40	IC 芯片读取出错

参考文献

[1] 赵春云.复印机的检测与维修.北京:电子工业出版社,2006.

[2] 北京动力时代资讯有限公司.硬件技术工程师标准培训教程.北京:机械工业出版社,2004.

[3] Scott Mueller.PC升级与维护大全.前导工作室,译.北京:机械工业出版社,2001.

[4] 冯宝坤.电脑硬件工程师——资格认证教程.北京:海洋出版社,2001.

[5] 何丰如.主板的实用维修技术.北京:科学出版社,2000.

[6] 蒋本珊.电子计算机组成原理.北京:北京理工大学出版社,1999.

[7] 王启智,申功迈,周立,等.大学计算机硬件技术基础教程.北京:科学出版社,2000.

[8] 史济民,等.微机硬件技术基础——单机与网络.北京:电子工业出版社,1999.

[9] 何风如,许能战,喻萍,等.主流计算机硬件技术.北京:科学出版社,2001.

[10] 蒋明礼,杨嘉辉,贾年,等.微型计算机硬件组成.北京:机械工业出版社,2000.

[11] 张昆藏.奔腾Ⅱ/Ⅲ处理器系统结构.北京:电子工业出版社,2000.

[12] 冯博琴.硬件技术基础.北京:人民邮电出版社,2000.

[13] 江钧.电脑外设原理/升级最佳化.北京:科学出版社,2001.

[14] 林章钧.PC/Pentium硬、软件系统解析.北京:清华大学出版社,2002.

[15] 艾德才.计算机硬件技术基础.北京:中国水利水电出版社,2000.

[16] 王新贤,等.实用计算机控制技术手册.济南:山东科学技术出版社,1995.

[17] 王常力,等.集散型控制系统选型与应用.北京:清华大学出版社,1996.

[18] 俞光昀,等.计算机控制技术.北京:电子工业出版社,1997.

[19] 冯勇.现代计算机控制系统.哈尔滨:哈尔滨工业大学出版社,1997.

[20] 李兰友,等.数字信号处理器单片机及其应用.北京:电子工业出版社,1997.

[21] 王也平.可编程序控制器原理及应用.成都:西南交通大学出版社,1994.

[22] 李华.MCS-51系列单片机实用接口技术.北京:北京航空航天大学出版社,2000.